同呼吸，共奋斗

——大气污染防治知识读本

安徽省环境保护厅　编

U0253368

中国环境出版社·北京

图书在版编目（CIP）数据

　同呼吸，共奋斗：大气污染防治知识读本/安徽省环境保护厅编. —北京：中国环境出版社，2014.5
　ISBN 978-7-5111-1855-4

　Ⅰ. ①同… Ⅱ. ①安… Ⅲ. ①空气污染—污染防治—问题解答 Ⅳ. ①X51-44

中国版本图书馆 CIP 数据核字（2014）第 095475 号

出　版　人　王新程
责任编辑　沈　建　董蓓蓓
责任校对　尹　芳
插　　图　张　琼
封面设计　金　喆

出版发行　中国环境出版社
　　　　　（100062　北京市东城区广渠门内大街 16 号）
　　　　　网　　址：http://www.cesp.com.cn
　　　　　电子邮箱：bjgl@cesp.com.cn
　　　　　联系电话：010-67112765（编辑管理部）
　　　　　　　　　　010-67113412（教材图书出版中心）
　　　　　发行热线：010-67125803，010-67113405（传真）
印　　刷　北京中科印刷有限公司
经　　销　各地新华书店
版　　次　2014 年 5 月第 1 版
印　　次　2014 年 5 月第 1 次印刷
开　　本　787×960　1/16
印　　张　12.25
字　　数　108 千字
定　　价　19.90 元

《同呼吸，共奋斗——大气污染防治知识读本》
编 委 会

序

空气是人类生存生活的基本条件。空气质量与人类的日常生活紧密相连，与每个人的幸福指数息息相关，对社会、经济、科技、文化等领域产生直接或间接的影响。

大气污染防治是一项庞大的系统工程，让公众广泛了解大气污染防治的基本知识是这个系统工程中不可或缺的一环。2013年9月，国务院《大气污染防治行动计划》明确要求：积极开展多种形式的宣传教育，普及大气污染防治的科学知识；倡导文明、节约、绿色的消费方式和生活习惯，引导公众从自身做起、从点滴做起、从身边的小事做起，在全社会树立起"同呼吸，共奋斗"的行为准则，共同改善空气质量。

安徽省环境保护厅会同安徽省气象局组织编辑出版《同呼吸，共奋斗——大气污染防治知识读本》，力图通过通俗易懂的方式，使不同知识背景的广大读者尽可能地了解大气污染防治的基本知识，以提高公民的科学素养，增强全民环境意识，消除人们对大气污染现象的误解与误读，号召全社会各界人士广泛参与到大气污染防治工作中来，从而真正理解大气污染防治不仅是政府行为、企业行为，同时也是我们每一个公民应尽的责任和义务。

既然同呼吸，必须共奋斗！

缪学刚

2014 年 4 月 28 日

—————————————————— | 目录

第一篇　我们同呼吸的空气

1. 大气

地球大气指的是包围地球的气体外壳，简称大气。大气环境的组成包括各种气体及悬浮其中的液态和固态微粒。大气海平面气压约为 101.325 千帕，相当于每平方厘米地球表面上有 1 034 克空气，而地球总表面积为 5.1×10^8 平方千米，因此大气的总质量约为 5.2×10^{18} 千克（相当于地球总质量的百万分之一）。大气约 50%的质量集中在 6 千米高度以下，75%的质量集中在 10 千米高度以下，99%的质量集中在 35 千米高度以下。

像鱼类生活在水中一样，人类生活在大气的底部，并且一刻也离不开大气。大气对于地球上的生命有着重要的作用，是地球上生物生存不可缺少的保护层；同时在大气中发生的各种物理过程和天气现象，如风、雨、雷、电等，都直接或间接地与大气的成分、结构、状态有关，并且直接影响着人类的活动，所以大气与我们每一个人的工作生活都是密切相连的。

2. 大气的组成

　　大气主要由氮气、氧气和几种惰性气体组成，它们占大气总质量的 99%以上，其浓度在大气中一般常年不变，故称为常量组分；另外一些浓度相对较低的大气组分，如水汽、二氧化碳、臭氧等，其浓度可能随时间、地点而变，称为可变组分。

　　人类的活动，特别是现代工业的发展，向大气中排放了大量的物质。这些由人类生产、生活产生的物质种类越来越复杂，对我们的健康产生不良的影响，已越来越引起人们的重视。在大气中，已经明确会对环境产生危害或受到人们注意的污染物超过 100种，其中影响范围广、威胁较大的有大气颗粒物、二氧化硫、氮氧化物、一氧化碳、臭氧、硫化氢、苯、甲醛等。

3. 洁净的大气

　　自然状态下洁净的大气是由氮、氧等正常成分的混合气体、水汽和一些气溶胶粒子组成的。在洁净的大气中，天空是蓝色的，地面上能见度很好，即使离得很远的物体，看起来也是很清晰的。1859 年，科学家泰多尔首先发现蓝光要比红光散射强得多。几年之后，科学家瑞利更详细地研究了这种现象，他发现散射强度与波长的 4 次方成反比，这种现象被后来的科学家们称为"瑞利散射"。"瑞利散射"主要发生在当微粒的直径小于可见光波长时。在组成太阳光的红、橙、黄、绿、蓝、靛、紫 7 种光中，红光波长最长，紫光波长最短。波长较短的蓝、靛、紫等色光，很容易被正常的空气分子所散射，因此晴天天空呈现出蔚蓝色。

当干洁无杂质时，大气消光作用比较弱，光线在其中传播时的损失很少，因此大气的透明度好、能见度高。如果远处有较高大的目标，例如高大的山脉之类的，中间又没有遮拦物，虽然地球有一定曲率，但人眼在很远的地方就可以将其与背景分辨出来，在晴朗的日子里，这个距离一般在 120 千米以上，在高原地区这个距离还要大得多，200 千米远的山脉依然清晰明朗，故有"望山跑死马"之说。

4. 雾与霾

雾是指在较高的空气湿度下，贴近地面的空气中形成几微米到 100 微米、肉眼可见的微小水滴（或冰晶）的悬浮体，是一种自然的天气现象。由于液态水或冰晶组成的雾散射的光与波长关系不大，因而雾看起来呈乳白色或青白色。而霾则是指大量极细微的干颗粒物等均匀地浮游在空中，造成大气混浊、视野模糊并导致水平能见度小于 10 千米的天气现象，这些颗粒物主要来自自然界或者人类活动排放，并对人体健康有直接影响。霾能使远处光亮的物体微带黄色、红色，使黑暗物体微带蓝色。在一定条件下，一天当中雾和霾随着相对湿度的变化有时会相互转化。

5. 雾与霾的区别

雾和霾都是漂浮在大气中的粒子，都能使能见度恶化从而形成气象灾害，但是其组成和形成过程完全不同。雾是大量微小水滴浮游在空中；霾是大量极细微的干尘粒等均匀地浮游在空中。

概括起来，雾与霾的区别有以下几点：

成分不同　发生雾时，悬浮物主要是水滴、冰晶；发生霾时，悬浮物主要是尘、硫酸盐、硝酸盐、碳氢化合物等。

相对湿度不同　发生雾时，空气的相对湿度比发生霾时大。

水平能见度不同　雾的能见度小于 1 千米；霾的能见度小于

10 千米。

厚度不同　雾的厚度在几十米至几百米；霾的厚度在 1～3 千米。

颜色不同　雾呈乳白色或青白色；霾呈黄色、橙灰色。

6. 雾与霾的产生

雾的形成主要受气象条件影响：①微风；②水汽充足，即大气相对湿度达到 70%以上，水蒸气凝结，产生雾滴；③近地层空气形成下冷上暖的稳定层（或称逆温层①），空气垂直温度结构稳定。这样的气象条件一般发生在夜间和清晨。根据形成条件的不同，雾可分为以下类型：辐射冷却形成的辐射雾；暖而湿的空气做水平运动，经过寒冷的地面或水面，逐渐冷却而形成的平流雾；兼由两种原因形成的混合雾等；还有锋面雾、坡面雾等。

霾的形成主要与空气中悬浮的大量微粒和气象条件有关，其成因有三：①水平风速较小。城市里高楼林立，空气经过时水平风速显著降低，不利于空中悬浮微粒的扩散，悬浮颗粒容易在城区和近郊积累。②大气在垂直方向上出现逆温，逆温层结构稳定，

---

① 逆温是指高空气温比低空气温高的现象，即空气"上暖下冷"，气象上称这种现象为"逆温"。发生逆温的大气层称为"逆温层"。

不容易发生垂直对流，不利于污染物向上扩散，而被阻滞在低空和近地面层，导致低层特别是近地面层空气中的污染物（包括粉尘）积累，从而形成了霾。③空气中悬浮颗粒物增加。随着工业发展和城市规模不断扩大、机动车辆猛增，人类活动排放的悬浮颗粒物大量增加。

7. 雾与霾的影响

雾和霾的影响从大的方向上主要包括两个方面。

一方面是对交通的影响。雾和霾出现时能见度都大大降低，容易造成航班延误甚至取消、高速公路关闭、海陆空交通受阻和事故多发等一系列问题。雾和霾被公认为是对交通影响最大的灾害性天气现象之一。

另一方面是对人的身心健康的影响。雾中含有各种酸、碱、盐、胺、酚、尘埃、病原微生物等有害物质，其含量是普通大气水滴的几十倍；霾中含有数百种大气化学颗粒物质，如来自工业和交通运输业燃烧的化石燃料以及柴火燃烧产生的产物，还包括矿物颗粒物、海盐、硫酸盐、硝酸盐、有机气溶胶粒子等。对人体健康有害的主要是细颗粒物（$PM_{2.5}$）和可吸入颗粒物（PM_{10}），它们对老人和儿童健康所构成的威胁尤其大。雾和霾可以引起急性上呼吸道感染、急性气管炎、支气管炎、肺炎、哮喘等多种疾病。另外，持续不散的雾和霾还会导致近地层紫外线的减弱，易使空气中的传染性病菌活性增强，造成传染病增多，加重老年人循环系统的负担。同时，紫外线的缺乏易使儿童体内吸收钙的维生素 D 生成不足，引起佝偻病、生长减慢等疾病的发生。此外，阴沉的雾和霾天气由于光线较弱，容易使人精神懒散，产生悲观失落情绪，长期如此，对身心健康不利。

8. 霾天为什么总是灰蒙蒙的？

霾是由大量的气溶胶粒子组成的，其尺度比较小（0.001～10微米），平均粒径为 0.3～0.6 微米，为肉眼看不到的空中悬浮的颗粒物。因为尘、海盐、硫酸与硝酸微滴、硫酸盐与硝酸盐、黑炭等粒子组成的霾，其对波长较长的可见光散射比较多，所以霾看起来呈黄色或橙灰色。

9. 雾、霾可以预报吗？

目前对大范围雾、霾的发展、维持、消散，我国预报能力较强，但由于雾、霾与地形紧密相关，存在很大局地性，因此预报难度大。

环保和气象部门密切关注、积极应对雾霾天气。一方面，积极开展雾霾天气的预报预警业务和空气污染等级预报，及时发布雾霾天气预警信号；另一方面，积极开展与霾天气密切相关的气溶胶的物理特征监测，并积极开展霾天气下气溶胶物理、化学特征研究以及城市霾的预报方法研究；同时，加强协调合作，建立信息共享平台和重污染天气监测预警联合会商机制，共同应对重污染天气。

随着监测手段的提高、预报技术的改进和数值模式的完善，雾霾预报精细化程度将不断提高，预报时效将逐步延长。

10. 雾、霾天气能持续多久?

雾　关于雾的持续时间，部分城市统计结果显示，大多数情况下雾的持续时间在 3 小时以内，持续时间为 3~6 小时的雾约占总数的 20%~30%，持续时间为 6~12 小时的雾约占 22%~26%，超过 24 小时的大雾相对较少。

霾　霾作为一种自然现象，受到人类活动的影响，特别是在城市里，大量排放的烟尘悬浮物和汽车尾气等污染物在低气压、风小的条件下，不易扩散，与低层空气中的水汽相结合，比较容易形成霾，而且这种霾持续时间往往比较长，严重的时候会持续几天不消散。

11. 刮风对清除雾霾的作用

雾霾的发生和维持条件是风速小，因此刮风有利于雾霾的清除。大气中的污染物在风的吹送下，被输送到其他地区，风速越大，污染物输送越快；另外刮风有利于污染物与空气的混合，使污染物得以稀释。

12. 一年当中雾霾最严重的季节

秋冬季为雾霾多发季节。

雾　秋冬季节天气晴朗、微风、近地面水汽比较充沛，且大气上下流动少，比较稳定，有利于雾形成的天气比其他季节多。

霾　霾在全国大部分地区均有明显的季节变化，基本特点为冬季多、夏季少、春秋季居中。霾发生时的天气条件特点是大气垂直结构稳定（温度随高度增加而升高）、较干燥，秋冬季节满足这样天气条件的日子较多。而有些地方秋冬季采暖烧煤，粉尘多，就更容易形成霾。

13. 雾、霾的空间分布特点

我国幅员辽阔，不同地区自然气候条件不同，经济发展方式、发展水平差异大，雾、霾的发生呈现出空间分布特征。

雾　我国年雾日数大致呈现东多西少的分布特征，黄淮、江淮、江南、华南东部、西南地区东部和南部、东北地区东南部以及内蒙古东北部等地年雾日数一般在 20 天以上，其中江南以及福建、四川、云南等地为 50～70 天；西北地区因气候干燥，很少出现雾，但部分地区雾日数较多，如新疆天山山区、陕西等地雾日数一般为 10～30 天。

霾　我国年霾日数分布呈现东多西少的特征。西部大部地区多年平均霾日数基本都在 5 天以下，东部地区除东北和内蒙古中东部地区霾日数较少外，华北、长江中下游、华南等地霾日数为 5～30 天，其中广东中部、广西东北部、江西北部、浙江北部、江苏南部、河南中部、山西南部、河北中部等地超过 30 天。

14. 我国雾霾的发展趋势

我国雾、霾基本出现在 100°E 以东地区。1961—2013 年，我国 100°E 以东地区平均年雾日数总体呈减少趋势，年代际阶段性变化明显：20 世纪 60 年代，年雾日数较常年略偏少，70—80 年代略偏多，90 年代以后明显偏少并呈现显著减少趋势。2013 年我国 100°E 以东地区平均雾日数为 16.4 天，比常年减少 10.1 天，为 1961 年以来第三少。

1961—2013 年，我国 100°E 以东地区平均年霾日数总体呈显著的增加趋势，且表现出不同年代际变化特征：20 世纪 60—70 年代中期，年霾日数较常年偏少；70 年代后期至 90 年代，接近常年；21 世纪以来，年霾日数显著增多。2013 年我国 100°E 以东地区平均霾日数为 40.1 天，比常年增多 33.4 天，为 1961 年以来最多。

15. 近年来我国霾天气明显增多的原因

从世界上多个发达国家环境污染与保护历史过程来看，霾天气与工业化和经济发展水平有着紧密的关系。当一个国家经济发展水平较低时，环境污染的程度也比较轻，但是随着工业化进程的加速，环境恶化程度开始随着经济的增长而加剧。第一次工业革命促使英国成为"世界工厂"，英国人消耗了整个西方世界煤炭产量的 2/3，随之冬季的烟雾问题开始变得十分严重。其他发达国家在工业高速发展期，也大多经历过霾的集中爆发。

中国气象局与中国社会科学院联合发布的《气候变化绿皮书：应对气候变化报告（2013）》认为，近年来我国霾天气增多的主要原因是化石能源消费增多，由其造成的大气污染物排放逐年增加。

这些污染的主要来源是热电排放、工业尤其是重化工生产、汽车尾气、冬季供暖、居民生活（烹饪、热水），以及扬尘。此外，人类活动产生的光化学产物、烹饪、汽车尾气等造成的挥发性有机物转化为二次有机气溶胶，都将使霾天气频繁发生。

16. 霾的频发与气候变化的关系

2013年联合国政府间气候变化专门委员会（IPCC）发布的第五次评估报告第一工作组报告摘要进一步确认了全球气候变暖的事实，1880—2012年，全球海陆表面平均温度升高了0.85℃。过去30年，每10年地表温度的增暖幅度都高于1850年以来的任何时期。

有气象专家认为，一方面，全球气候变暖带来的暖冬使得冷空气活动减弱，导致不利于污染物扩散的静稳天气增加，提升了霾发生的频率。另一方面，降水减少也可能是霾高发的原因。近50年来，全国年降水日数减少了10%，导致气溶胶的湿沉降（即通过降雨、降雪等使颗粒物从大气中去除）减弱，更多的气溶胶留在大气中，在一定程度上加剧了霾的发生。

同时霾频发又可能反作用于全球气候。有研究表明，霾通过气溶胶对于太阳光的辐射强迫效应，减少了到达地面的能量，因此霾能起到使地面降温的作用。

17. 城市气候

城市人口高度密集，众多建筑物构成了特殊下垫面，高强度的经济活动消耗大量燃料，释放出有害气体和粉尘，改变了城市原有的区域气候状况，形成了一种与城市周围不同的局地气候——"城市气候"。城市气候概括起来具有以下特点：

第一，由于城市下垫面的特殊性质、空气中由燃料产生的二氧化碳等较多，加之人为的热源等原因，城市气温明显高于郊区，这种情况称为"城市热岛效应"。

第二，由于城市中下垫面多为建筑物和不透水的路面，蒸发量、蒸腾量小，所以城市空气的平均绝对湿度和相对湿度都较小。

第三，由于城市空气中尘埃和其他吸湿性核较多，形成"浑岛效应"：在条件合适时，即使空气中水汽未达饱和也会出现雾，所以城市的雾多于郊区。

第四，由于城市"热岛效应"，市区中心空气受热不断上升，四周郊区相对较冷的空气向城区辐合补充，而在城市热岛中心上升的空气又在一定高度向四周郊区辐散下沉以补偿郊区低层空气的空缺，这样就形成了一种局地环流，称为"城市热岛环流"。

第五，城市大量使用能源，向大气中排放许多二氧化硫和氮氧化物，经过一系列复杂的化学反应，通过成云致雨过程和冲刷过程成为酸雨降落，因此，酸雨也是城市大气环境的一个严重问题。

第六，城市是一个复杂的地域综合体。城市的出现，不仅以人工地物或地表替代自然地表，而且引发风向、风速的变化或风的生、消，从而引起大气污染的轻、重变化。

18. 大气环境需要保护

大气是人类赖以生存的条件，它为人类和地球上的生物提供了适合的生存条件。但人类活动排放的污染物日益增多，威胁着与我们息息相关的大气环境。大气污染对人类及其生存环境造成的危害与影响已逐渐被人们所认识，归结起来有以下几个方面：对人体健康的危害，包括直接损伤人体和经由食物链传递两个途径；对周边环境的破坏，包括对生物环境和人造物品的危害；导致酸雨、臭氧空洞以及温室效应等；改变大气对于太阳辐射的作用，对全球气候产生影响，导致天气和气候异常。

现代大工业发展以前，因自然过程等排入大气的污染物与由大气自净过程而从大气中去除的污染物量基本平衡。但是 20 世纪五六十年代以后，现代工业迅速发展，人类排入大气的污染物量大大超过了大气的自净能力，致使目前全球大气都遭到不同程度的污染，大气污染防治已经到了刻不容缓的地步。

第二篇　湛蓝的天空去哪了

19. 大气污染

国际标准化组织对大气污染的定义为：空气污染通常是指由于人类活动或自然过程引起某些物质进入大气中，呈现出足够的浓度，达到足够的时间，并因此危害了人体的舒适、健康和福利或环境的现象。换言之，只要是某一种物质其存在的量、性质及时间足够对人类或其他生物、财物产生影响者，我们就可以称其为大气污染物；而其存在造成之现象，就是大气污染。大气污染的成因有自然因素，如火山爆发、森林火灾、岩石风化等；也有人为因素，如工业废气、燃烧废气、汽车尾气和核爆炸等。随着人类生产活动加剧和经济迅速发展，在大量消耗能源的同时，将大量的废气、烟尘物质排入大气中，严重影响了大气环境质量。

20. 大气污染的类型

根据大气污染的原因和大气污染物的组成，大气污染可分为煤烟型污染、石油型污染、混合型污染和特殊型污染四大类。煤烟型污染是由用煤工业的烟气排放及家庭炉灶等燃煤设备的烟气排放造成的，我国大部分城市的大气污染属于此类型；石油型污染是由于燃烧石油化工类燃料向大气中排放有害物质造成的；混合型污染是由煤炭和石油在燃烧或加工过程中产生的混合物造成的大气污染，是兼具煤烟型和石油型污染特点的一种大气污染；特殊型大气污染是由各类工业企业排放的特殊气体（如氯气、硫化氢、氟化氢、金属蒸气等）引起的大气污染。

根据污染的范围，大气污染可分为局部地区大气污染、区域性大气污染、广域性大气污染和全球性大气污染四类。

21. 常见的大气污染物

大气污染物是指由于人类活动或者自然过程排放到大气中，对人或环境产生不利影响的物质。

按中国环境标准和环境政策法规规定，大气污染物可分为两种：一种是为履行国际公约而确定的污染物，主要是二氧化碳（CO_2）和氯氟烃（CCl_3F、CCl_2F_2）等；另一种是全国性的大气污染物，主要有烟尘、工业粉尘、二氧化硫（SO_2）、氮氧化物（NO_x）、一氧化碳（CO）、臭氧（O_3）等。

按污染物的存在状态可将其分为颗粒污染物和气态污染物，如下表所示：

大气污染物

颗粒污染物		气态污染物	
污染物种类	污染物颗粒大小	污染物种类	污染物举例
粉尘	1～200 μm	含硫化合物	SO_2、SO_3、H_2S
烟	0.01～1 μm	含氮化合物	NO、NO_2、NH_3
飞灰		碳的氧化物	CO、CO_2
黑烟		碳氢化合物	CH_4
雾		卤素化合物	HF、HCl

22. 一次污染物

一次污染物是指直接从污染源排放的污染物质，如二氧化硫（SO_2）、一氧化氮（NO）、一氧化碳（CO）、氟化氢（HF）等，它们又可分为反应物和非反应物，前者不稳定，在大气环境中常与其他物质发生化学反应，或者作催化剂促进其他污染物之间的反应，后者则不发生反应或反应速度缓慢。

23. 二次污染物

二次污染物是指由一次污染物在大气中互相作用经化学反应或光化学反应形成的与一次污染物的物理、化学性质完全不同的新的大气污染物，其毒性比一次污染物更强。最常见的二次污染物有硫酸盐气溶胶、硫酸烟雾、光化学氧化剂、臭氧、过氧乙酰硝酸酯等。

24. 臭氧

臭氧是氧的同素异形体。在常温下，它是一种有特殊臭味的蓝色气体，是天然大气的重要微量组分，大部分集中在平流层，对流层的臭氧仅占10%左右。

臭氧在不同高度的影响是完全不同的，臭氧在平流层（距地面约50千米），可吸收太阳放出的有害紫外线（UV），形成保护地球生态系统的臭氧层；臭氧在对流层的顶部（距地面约20千米）作为温室气体限制散热，起到增强地球大气温室效应的作用；臭氧在对流层的中部（距地面约 10 千米）可与一些污染物发生反应，分解消耗污染物；臭氧在对流层底部（近地面），可导致光化学烟雾，危害健康。

25. 光化学烟雾

光化学烟雾是指空气中的氮氧化物与碳氢化合物经光化学作用而生成的二次污染物。1946 年的夏秋季节，洛杉矶城出现了一种奇特的烟雾。这种烟雾跟一般烟雾不同，呈淡蓝色，而且总是在白天出现，傍晚消失，这样周而复始持续了数十天之久。这次烟雾虽未直接造成人员死亡，但对人的眼睛、呼吸道有强烈的刺激作用，对植物也有严重的伤害。

起初，人们对这种奇特的烟雾认识不清，很多人误以为是二氧化硫造成的。经过数年的研究之后，1951 年美国加利福尼亚大学哈根·斯密特教授认为，洛杉矶烟雾不是二氧化硫所致，而是由汽车尾气中的氮氧化物和碳氢化合物，在强烈阳光的作用下，发生了一系列光化学反应而形成的。

26. 历史上著名的大气污染事件

比利时马斯河谷烟雾事件　1930 年 12 月 1—15 日，整个比利时被大雾笼罩，气候反常，马斯河谷上空出现了很强的逆温层，造成大气污染现象。13 个工厂排放的烟雾弥漫在河谷上空无法扩散，有害气体在大气层中越积越厚，上千人发生呼吸道疾病，1 个星期内就有 60 多人死亡，是同期正常死亡人数的 10 多倍。

洛杉矶烟雾事件　20 世纪 40 年代初开始，洛杉矶由于汽车尾气和工业废气污染严重，造成光化学烟雾肆虐，以致远离城市 100 千米以外的海拔 2 000 米高山上的大片松林枯死、柑橘减产。1955 年的光化学烟雾事件导致该市 400 多名 65 岁以上老人死亡。

美国多诺拉烟雾事件　1948 年 10 月 26—31 日，位于美国宾夕法尼亚州的多诺拉小镇，由于工厂排放的含有二氧化硫等有毒有害物质的气体及金属微粒在气候反常的情况下聚集在山谷中积存不散。人们在短时间内大量吸入这些有害的气体，引起各种症状，全镇 1.4 万人中有 6 000 人眼痛、喉咙痛、头痛胸闷、呕吐、腹泻，20 多人死亡。

英国伦敦烟雾事件　1952 年 12 月 5—9 日，由于逆温层作用及连续数日无风，煤炭燃烧产生的多种气体与污染物在伦敦上空蓄积，伦敦城市连续 4 天被浓雾笼罩，造成 1.2 万人死亡，是和平时期伦敦遭受的最大灾难。

日本四日市事件 1955 年，日本东部海湾四日市相继兴建了 10 多家石油化工厂，化工厂终日排放的含二氧化硫（SO_2）的气体和粉尘，使昔日晴朗的天空变得污浊不堪。1961 年，呼吸系统疾病开始在这一带出现，并迅速蔓延。据报道，患者中慢性支气管炎患者占 25%，哮喘病患者占 30%，肺气肿等患者占 15%。1964 年这里曾经有 3 天烟雾不散，哮喘病患者中不少人因此死去。1967 年一些患者因不堪忍受折磨而自杀。1970 年患者达 500 多人。1972 年全市哮喘病患者 871 人，死亡 11 人。

27. 我国大气污染形势

随着各项减排措施的逐步落实，2013 年我国 113 个环保重点城市二氧化硫（SO_2）和可吸入颗粒物（PM_{10}）年均浓度总体呈下降趋势，二氧化氮（NO_2）总体比较稳定。但是，随着经济社会的快速发展，机动车保有量急剧增加，经济发达地区氮氧化物（NO_x）和挥发性有机化合物（VOCs）排放量显著增加，臭氧（O_3）和细颗粒物（$PM_{2.5}$）污染加剧。O_3 污染和颗粒物污染通过光化学烟雾联系起来，高臭氧浓度增强大气氧化性，使得 SO_2、NO_x、VOCs 等迅速转化为 $PM_{2.5}$，造成大气能见度下降。

我国城市空气质量监测结果具有以下特点：

一是京津冀、长三角、珠三角区域空气污染相对较重。尤以京津冀区域污染最重，有 7 个城市排在空气质量相对较差的前 10 位。京津冀区域城市 $PM_{2.5}$ 超标倍数为 0.14～3.6 倍，长三角区域城市 $PM_{2.5}$ 超标倍数为 0.4～1.3 倍（舟山市不超标），珠三角区域城市 $PM_{2.5}$ 超标倍数为 0.09～0.54 倍。说明国家将京津冀、长三角、珠三角区域作为大气污染防治重点区域的决策是正确的。从监测结果来看，京津冀区域空气质量与达标目标尚有较大差距，长三角区域空气质量达标有相当的难度，珠三角区域空气质量达标具有较大希望。通过《大气污染防治行动计划》的实施和全国人民的共同努力，力争使"三区"早日成为空气质量达标的区域。

二是空气污染呈现复合型特征。74 个城市首要污染物是 $PM_{2.5}$，其次是 PM_{10}，O_3 和 NO_2 也有不同程度的超标情况。京津冀、长三角、珠三角区域 5—9 月 O_3 超标情况较多，已不容忽视。74 个城市空气质量呈现传统煤烟型污染、汽车尾气污染与二次污染物相互叠加的复合型污染特征，说明燃煤、机动车对空气污染贡献较大。《大气污染防治行动计划》中采取控制煤炭消费总量、调整产业结构、加强机动车管理的措施是正确、得当的。

三是空气污染呈现明显的季节性特征。城市空气重污染主要集中在第一、四季度，74 个城市 $PM_{2.5}$ 季均浓度分别为 96 微克/米^3、93 微克/米^3。第二、三季度 $PM_{2.5}$ 季均浓度分别为 56.7 微克/米^3、44.7 微克/米^3。2013 年 1 月和 12 月，京津冀、长三角、中东部地区发生了两次大范围空气重污染过程，污染程度重、持续时间长。

28. 大气环境容量

环境容量是指某一环境区域内对人类活动造成的影响的最大容纳量。就大气环境容量而言，是指对于一定地区，根据其自然净化能力，在特定的污染源布局和结构下，为达到环境空气质量功能区划所规定的环境空气质量标准值，所允许的大气污染物最大排放量。其影响因素主要有自然因素和社会因素两个方面：自然因素包括污染气象条件、污染源强、污染源布局等；社会因素包括人们对计算区域环境空气质量的需要和对特殊污染源的行政权重。

污染物排放超过大气环境容量限值时，开始出现污染天气。

29. 工业发展与大气污染

经过改革开放 30 多年来的发展，我国工业生产能力快速增长，工业规模不断扩大。目前，我国主要工业产品的生产能力和产品产量均居世界前列。我国工业增加值占全世界的比重从 1978 年的不到 1%增加到 2009 年的 15.6%，我国已经成为全球重要的"制造业大国"。在冶金、化工、纤维、服装、机械、电子通信设备、交通运输设备制造等领域，中国所占的份额更高。2013 年，中国粗钢产量占全球总产量的 50%，水泥产量占 59%，彩电、冰箱、服装等产品产量占全球的比重都在 30%以上。

20 世纪 80 年代以前我国主要依靠国家力量建立工业基础，80 年代轻工业得到快速发展，90 年代以来重工业化趋势明显。目前，我国工业处于以买方市场初步形成、产业结构升级任务艰巨、国际竞争加剧、体制转轨处于攻坚期为主要特征的新阶段，已基本进入高加工度化时期。

但是随着工业化进程的加快，产生的环境问题也越来越严重。因此，我们必须树立科学发展观，强化忧患意识、节俭意识，坚持走新型工业化道路，真正转变生产方式，实现从粗放型增长向集约型增长转化，发展低消耗、低排放、高产出、高效率的资源集约型、环境友好型工业。

30. 交通运输与大气污染

近年来，我国交通运输业快速发展。在带来便利的同时，各类交通工具排放的尾气也越来越多。尤其是机动车，已经成为大气污染的主要来源之一。

2012 年，我国全国机动车保有量达到 2.24 亿辆，其中汽车占48.4%，低速汽车占 5.1%，摩托车占 46.5%。按车型分，客车占82.5%，货车占 17.5%；按燃料分，汽油车占 82.5%，柴油车占 16.1%，燃气车占 1.4%；按排放标准分，国 I 前标准的汽车占 7.8%，国 I 标准的汽车占 14.9%，国 II 标准的汽车占 15.7%，国 III 标准的汽车占 51.5%，国 IV 及以上标准的汽车占 10.1%；按环保标志分，"黄标车"占 13.4%，"绿标车"占 86.6%。

2012 年，全国机动车排放污染物 4 612.1 万吨，比 2011 年增加 0.1%，其中氮氧化物（NO_x）640.0 万吨，碳氢化合物（HC）438.2 万吨，一氧化碳（CO）3 471.7 万吨，颗粒物（PM）62.2 万吨。汽车是其中主要贡献者，其排放的 NO_x 和 PM 超过 90%，HC

和 CO 超过 70%。

31. 建筑施工与大气污染

随着我国建筑工程规模保持快速增长，建筑工程施工扬尘对大气污染的贡献也越来越大。建筑工程施工扬尘主要包括以下几个方面：

建筑工程施工 一是施工过程中直接产生的扬尘，包括土方开挖及回填，出入工地建筑材料运输及搬运，施工现场搅拌混凝土和砂浆时产生的扬尘等；二是建筑施工现场作业环境产生的扬尘，包括施工现场未进行必要围挡，施工现场内的道路未硬化，浮土、积土未覆盖和建筑垃圾未及时清运产生的扬尘等。

拆除工程施工 房屋拆除工程施工过程中由于防治措施不当或无防治措施产生的扬尘；拆除工程施工后未及时清运的建筑垃圾产生的扬尘等。

建筑垃圾运输 建筑材料、垃圾、渣土等运输车辆未冲洗干净，未严密封闭，造成沿途撒落产生扬尘等。

其他 建筑垃圾（渣土）消纳场所、混凝土搅拌站原材料的露天堆放及道路清扫也能产生扬尘。

32. 农业生产与大气污染

　　我国正处于传统农业向现代农业过渡阶段。随着农业的发展，农药和化肥等的使用量也越来越大。农业生产过程中喷洒农药时，雾状或粉剂的微粒悬浮在大气中，造成对大气的污染。施用于农田的氮肥，有相当数量直接从土壤表面挥发成气体进入大气，造成氮氧化物含量增加。近年来还有一个突出的农业污染源——秸秆焚烧。在收割季节大量农作物秸秆被露天焚烧，会迅速造成严重的大气污染。此外，养殖场向集约化、工厂化发展，只有少部分养殖场引进了沼气发酵设备进行厌氧发酵处理，大部分禽畜养殖场均未采取任何处理直接排放，对周围环境造成危害。

第三篇　揭开雾霾的面纱

33. 大气污染监测的目的

大气环境是人类赖以生存和发展的必要条件，保护和改善大气环境质量对于促进人类社会、经济的发展以及保障人体健康都具有十分重要的意义。而对大气环境的保护与监督有赖于大气环境监测。大气环境监测的目的可以概括为以下几个方面：

第一，通过大气监测来准确、及时地反映大气环境质量状况，以便有效地贯彻执行国家颁布的《环境空气质量标准》（GB 3095—2012）和大气污染物排放标准等有关标准、政策和法规。

第二，通过对大气环境中的主要污染物质进行定期或连续的监测，积累大气环境质量的基础数据，在此基础上评价大气环境质量状况。

第三，通过大气环境监测分析来评价大气污染防治措施的效果，研究大气环境质量的变化规律及发展趋势，为开展大气环境保护以及预测、预报工作提供基础数据。

第四，为各有关部门执行大气的各项环境法规，开展环境质量管理、环境科学研究以及修订大气环境质量标准提供准确可靠的数据和资料。

34. 当前我国空气质量监测网络建设

　　"十二五"期间，我国将完成新的空气质量监测网络建设任务。预计到 2015 年年底，所有地级以上城市都将建成适应新空气质量标准实施需要、能够监测细颗粒物（PM$_{2.5}$）等指标的先进城市监测网络，总计约有 1 500 个监测网点。在城市交界和大气通道的地方，还将建成 96 个区域空气监测站，来反映大气污染物输送情况。在我国没有受到过污染的地方，计划建设 15 个国家空气质量背景监测站，目前已建成 14 个。这些区域站和背景站将配备温室气体、有机物、重金属污染物等的监测仪器。到时，我国将建成一个比较先进的，覆盖城市、区域和背景的空气质量监测网络。

　　以安徽省为例，16 个省辖城市共有国控空气质量监测点位 68 个，各市的点位数目如下表所示。

安徽省省辖城市环境空气监测点位数目表

城市	合肥	芜湖	马鞍山	蚌埠	淮南	淮北	铜陵	安庆
点位数/个	10	4	5	6	6	3	6	4
城市	黄山	滁州	阜阳	宿州	六安	亳州	池州	宣城
点位数/个	3	3	3	3	4	2	3	3

35. 环境空气质量监测点位的选取

环境空气监测点位设置的依据是原国家环保总局 2007 年颁发的《环境空气质量监测规范（试行）》和《环境空气质量监测点位布设技术规范（试行）》（HJ 664—2013）。

设计环境空气质量监测网，要能够客观反映环境空气污染对人类生活环境的影响，并以本地区多年的环境空气质量状况及变化趋势、产业和能源结构特点、人口分布情况、地形和气象条件等因素为依据，充分考虑监测数据的代表性，按照监测目的确定监测网的布点。监测网的设计，首先要考虑所设监测点位的代表性。

常规环境空气质量监测点可分为 5 类：环境空气质量评价城市点（可简称城市点）、环境空气质量评价区域点（可简称区域点）、环境空气质量背景点、污染监控点和路边交通点。

城市点是以监测城市建成区的空气质量整体状况和变化趋势为目的而设置的监测点，参与城市环境空气质量评价，其设置的最少数量由城市建成区面积和人口数量确定，每个环境空气质量评价城市点代表范围一般为半径 500～4 000 米，有时也可扩大到半径 4 000 米至几十千米（如对于空气污染物浓度较低，其空间变化较小的地区）的范围；区域点是以监测区域范围空气质量状况和污染物区域传输及影响范围为目的而设置的监测点，参与区域环境空气质量评价，其代表范围一般为半径几十千米；环境空气质量背景点是以监测国家或大区域范围的环境空气质量本底水平为目的而设置的监测点，其代表性范围一般为半径 100 千米以上；污染监控点是为监测本地区主要固定污染源及工业园区等污染源聚集区对当地环境空气质量的影响而设置的监测点，代表范围一般为半径 100～500 米，也可扩大到半径 500～4 000 米（如考虑较高的点源对地面浓度的影响时）；路边交通点为监测道路交通污染源对环境空气质量影响而设置的监测点，代表范围为人们日常生活和活动场所中受道路交通污染源排放影响的道路两旁及其附近区域。

在实际的点位设置中，除了按照这个规定之外，一般偏向将监测站点设置在一些公益机构内，如学校、监测站等，主要是由于这些地方供电比较稳定，受外界干扰较小，不容易搬迁，能够保证监测数据有较好的连续性。由于每种点位的设置在此规范中都有详细的规定，所以并不存在故意把监测站点设在空气质量好的地方的情况。

36. 国家城市环境空气质量监测点设置数量要求

《环境空气质量监测点位布设技术规范（试行）》（HJ 664—2013）中明确规定了国家城市环境空气质量评价点设置数量要求，一个城市的监测点数应根据建成区人口和建成区面积来设定。

城市人口和面积对应的监测点位数目表

建成区城市人口/万人	建成区面积/km²	监测点数/个
<10	<20	1
10～50	20～50	2
50～100	50～100	4
100～200	100～150	6
200～300	150～200	8
>300	>200	按每 25～30km² 建成区面积设 1 个监测点，并且不少于 8 个点

以安徽省合肥市为例，全市共设有 10 个空气质量监测点位，监测点位数符合国家要求。这些监测点全部位于城市的建成区内，覆盖了全部建成区。合肥市目前空气质量国控监测点数与上海、武汉、长春、长沙等城市相同，超过南京（9 个）、济南（8 个）、青岛（9 个）、郑州（9 个）、苏州（8 个）、成都（8 个）等城市。

37. 环境空气质量监测点设置的高度要求

《环境空气质量监测点位布设技术规范（试行）》（HJ 664—2013）中对点位的高度做出了规定：①对于手工采样，其采样口离地面的高度应在 1.5～15 米范围内；②对于自动监测，其采样口或监测光束离地面的高度应在 3～20 米范围内；③对于路边交通点，其采样口离地面的高度应在 2～5 米范围内；④在保证监测点具有空间代表性的前提下，若所选监测点位周围半径 300～500 米范围内建筑物平均高度在 25 米以上，无法按满足①、③条的高度要求设置时，其采样口高度可以在 20～30 米范围内选取。

38. 大气中二氧化硫和氮氧化物浓度的测定

常用的二氧化硫检测技术有甲醛吸收副玫瑰苯胺分光光度法、非分散红外吸收法、紫外荧光法和差分吸收光谱分析法等几种。甲醛吸收副玫瑰苯胺分光光度法为化学法，用于手工监测；紫外荧光法和差分吸收光谱分析法为仪器法，用于自动监测，以上 3 种都是 GB 3095—2012 规定的测定环境空气中二氧化硫浓度的标准方法。非分散红外吸收法具有精度高、线性度好等特点，是《固定污染源废气　二氧化硫的测定　非分散红外吸收法》（HJ 629—2011）中所规定的测定固定污染源废气有组织排放中的二氧化硫的标准方法。

大气中的氮氧化物可以分别测定，也可以测其总量。常用的氮氧化物测定方法有盐酸萘乙二胺分光光度法、定电位电解法、化学发光法和差分吸收光谱分析法。其中定电位电解法为《固定污染源废气　氮氧化物的测定　定电位电解法》（HJ 693—2014）中规定的测定固定污染源废气中氮氧化物的标准方法。其余 3 种则是《环境空气质量标准》（GB 3095—2012）规定的测定环境空气中氮氧化物的标准方法。

在环境空气自动监测中，二氧化硫和氮氧化物通常分别采用原理为紫外荧光法和化学发光法的点式监测仪器，或采用原理为差分吸收光谱分析法的开放光程监测仪器。

39. $PM_{2.5}$ 和 PM_{10}

可吸入颗粒物（PM_{10}）和细颗粒物（$PM_{2.5}$）分别指的是空气

动力学直径小于等于 10 微米和 2.5 微米的颗粒物，是表征环境空气质量的两个主要污染物指标。从包含关系上来说，PM_{10} 包含了 $PM_{2.5}$，PM_{10} 由空气动力学直径小于等于 2.5 微米的颗粒物（即 $PM_{2.5}$）和空气动力学直径大于 2.5 微米且小于等于 10 微米的颗粒物两部分组成。

虽然 $PM_{2.5}$ 只是地球大气成分中含量很少的组分，但它对空气质量和能见度等有重要的影响。与 PM_{10} 相比，$PM_{2.5}$ 粒径小，富含大量的有毒、有害物质且在大气中停留时间长、输送距离远，因而对人体健康和大气环境质量的影响更大。

40. 我国近年增加了 $PM_{2.5}$ 的监测

细颗粒物（$PM_{2.5}$）的标准是由美国在 1997 年率先提出的，主要是为了更有效地监测随着工业化日益发达而出现的、在旧标准中被忽略的对人体有害的细小颗粒物，这些细小颗粒物已经成为空气污染的主要污染物。到 2010 年年底，除美国和欧盟一些国家将 $PM_{2.5}$ 纳入国标并进行强制性限制外，世界上大部分国家都还未开展对 $PM_{2.5}$ 的监测，通常只对可吸入颗粒物（PM_{10}）进行监测。

2012 年 2 月，国务院同意发布新修订的《环境空气质量标准》

（GB 3095—2012），其中增加了 PM$_{2.5}$ 监测指标。新版《环境空气质量标准》（GB 3095—2012）颁布后，环境保护部明确提出了新标准实施的"三步走"目标，即实施新标准的时间要求为：2012年，京津冀、长三角、珠三角等重点区域以及直辖市和省会城市；2013年，113 个环境保护重点城市和国家环保模范城市；2015年，所有地级以上城市，要按新标准开展 PM$_{2.5}$ 监测并发布数据。2016年 1 月 1 日，全国实施新标准。目前第一和第二阶段的 PM$_{2.5}$ 等新增监测指标已经完成建设并对外发布，其余各市正在按照环保部要求积极开展建设，有望提前一年全面开展 PM$_{2.5}$ 监测。

41. PM$_{2.5}$ 的监测方法

我国细颗粒物（PM$_{2.5}$）的监测技术和仪器与国际上通行的一致，主要有以下三种方法：β射线方法仪器加装动态加热系统（β射线+DHS）、β射线方法仪器加动态加热系统联用光散射法（β射线+DHS+光散射）和微量振荡天平方法仪器加膜动态测量系统（TEOM+FDMS）。目前常用的两种仪器方法为β射线+DHS 和 TEOM+FDMS。

微量振荡天平法（TEOM）方法如下：取一头粗一头细的空

心玻璃管，粗头固定，细头装有滤芯。空气从粗头进，细头出，颗粒物就被截留在滤芯上。在电场的作用下，细头以一定的频率振荡，该频率和细头重量的平方根成反比。于是，根据振荡频率的变化，就可以算出收集到的颗粒物的重量。

β射线法方法如下：将颗粒物收集到滤纸上，然后照射一束β射线，射线穿过滤纸和颗粒物时由于被散射而衰减，衰减的程度和颗粒物的重量成正比，根据射线的衰减就可以计算出颗粒物的重量。

42. 国外 PM$_{2.5}$ 监测现状

美国自 1998 年开始细颗粒物（PM$_{2.5}$）监测能力建设，截至 2010 年共有约 1 000 个 PM$_{2.5}$ 监测点位（使用手工采样称重方法或自动监测方法）；大约 600 个点位装备有自动监测设备，其中有 247 套通过 EPA（美国国家环境保护局）认证的自动监测仪，包括β射线方法 201 套、TEOM+FDMS 方法 46 套。截至 2011 年 10 月共有 247 台经 EPA 认证的 PM$_{2.5}$ 自动监测仪向 EPA 报送数据。日本共有 62 个监测点位使用 PM$_{2.5}$ 自动监测仪，并通过网站发布 PM$_{2.5}$ 浓度数据。欧盟 27 个成员国有 518 个监测点位，其中，射线方法

186 个，TEOM 方法 56 个，TEOM+FDMS 方法 105 个。

43. 国产 PM$_{2.5}$ 监测仪器的可靠性

只要是经过国家认证、满足自动监测技术规范的国产监测仪器就是可靠的。国内的仪器公司研发时间较短，技术不够成熟，在仪器稳定性等方面存在一些问题。但国产仪器也可以满足监测的需要，而且在价格和售后方面比国外的仪器更有优势。各监测点位所使用的仪器设备都采用的是公开招投标的方式，并没有指定用哪个厂家的仪器。

44. PM$_{2.5}$ 监测的技术准备

细颗粒物（PM$_{2.5}$）的监测工作关键是做好技术基础工作。早在 2006 年，环境保护部就首先在珠江三角洲城市开展了 PM$_{2.5}$ 和臭氧（O$_3$）的试点监测，随后又陆续在 26 个城市开展试点监测，为实施新标准监测奠定了基础。在试点监测的过程中，发现不同型号的监测设备在监测结果上存在一定的差异。因此，中国环境监测总站对各种厂家和类型的$PM_{2.5}$监测设备进行了比对实验，环境保护部据此逐步建立了我国环境监测仪器认证制度，以指导全国做好监测设备选型工作。同时，为做好新增指标的相关技术规范、人员培训等技术储备工作，先后颁布了《环境空气颗粒物（PM_{10}和$PM_{2.5}$）采样器技术要求及检测方法》（HJ 93—2013）、《环境空气颗粒物（PM_{10}和$PM_{2.5}$）连续自动监测系统技术要求及检测方法》（HJ 653—2013）、《环境空气颗粒物（PM_{10}和$PM_{2.5}$）连续自动监测系统安装和验收技术规范》（HJ 655—2013）等技术规范；为保证监测点位科学合理、监测数据准确可靠，还颁布了《环境空气颗粒物（$PM_{2.5}$）手工监测方法（重量法）技术规范》（HJ 656—2013）、《环境空气质量监测点位布设技术规范》（HJ 664—2013）等技术规范，并加大了宣贯和人员培训的力度。

45. $PM_{2.5}$监测的技术难点

细颗粒物（$PM_{2.5}$）监测的技术难点包括以下三个方面：

采样系统的要求　颗粒物采样系统中的切割器基于冲击原理，在固定的流量下可以对颗粒物进行准确的分级，在切割器内部设计了颗粒物的捕集孔，切割下来的大颗粒物将被收集在其中，

而需采集的颗粒物则随气流进入下面的滤膜并被采集。对 PM$_{2.5}$
进行采样就必须要配有足够精度的切割头。此外，还应有准确的
流量控制系统。

湿度的影响　当湿度上升时，采样管恒温加热不能除去所有
的水分，会使测量结果偏高。湿度对β射线方法的仪器影响较大。

颗粒物中的可挥发有机物的影响　颗粒物中的可挥发有机物
一般会在温度升高时挥发成气体。在经过采样管加热后会导致一
部分可挥发有机物的损失，造成测量结果偏低。这种情况同时存
在于微量振荡天平和β射线两种监测方法的仪器中。

46. 民间便携和简易式 PM$_{2.5}$ 监测仪器的可靠性

国家对细颗粒物（PM$_{2.5}$）的监测仪器有技术指标要求，包括
最低检出限、分辨率、精度、测量周期、采样系统等，而民间便
携和简易式的监测仪器没有经过国家的认证，技术指标可能也不
符合要求。民间的监测也很难满足监测有效性和点位布置的要求。

空气质量标准对采样监测的周期和有效性、监测点位的设置
和采样口的高度都有严格的要求。民间的监测如果没有达到上述
数据有效性的要求，计算出的日均值是不科学的，比如计算日均

值需要至少 12 个小时以上的小时均值。民间的监测如果没有按照点位设置的规范，则其监测数据无法代表整个区域。所以民间监测结果可能是不可靠的，与官方发布的数据也没有可比性。

此外用于 $PM_{2.5}$ 等指标监测的仪器设备必须经过技术监督部门的强制检定，其所报出的数据才能符合计量法的要求。民间便携式和简易式 $PM_{2.5}$ 监测仪器一般都没有经过技术监督部门的检定，因而也是不可靠的。

47. 为什么 $PM_{2.5}$、臭氧与其他污染物的监测点重合？

《环境空气质量标准》（GB 3096—2012）在城市环境空气质量点位的测量项目中增设了细颗粒物（$PM_{2.5}$）和臭氧（O_3）8 小时浓度限值监测指标。目前，$PM_{2.5}$ 和臭氧监测点位与其他污染物监测点位重合是基于以下两点考虑的：

第一，便于进行大气复合污染控制研究。$PM_{2.5}$、8 小时臭氧与原有的监测体系中臭氧、二氧化硫、二氧化氮等指标有着较为密切的关系。研究同一点位上述指标间的关系有利于摸清污染物的迁移、转化规律，从而为大气污染防治提供理论基础。

第二，便于布设环境空气质量监测点位、降低不必要的人力物力消耗、可操作性强。

48. 工业污染源的监测

　　按照《国家重点监控企业自行监测及信息公开办法（试行）》的要求，各重点国控污染源采用自动监测的，全天连续监测；采用手工监测的，二氧化硫（SO_2）、氮氧化物（NO_x）每周至少开展一次监测，颗粒物每月至少开展一次监测，废气中其他污染物每季度至少开展一次监测。同时，各级环保部门对于重点污染源企业还要开展每季度一次的监督性监测。对于国控、省控重点污染源均要求按照环境监测技术规范和自动监控技术规范的要求安装自动监测设备，与环境保护主管部门联网，并通过环境保护主管部门验收。各项目采用的方法如下：

　　烟尘　光散射法、β射线法

　　二氧化硫　紫外荧光法、非分散红外吸收法、差分吸收光谱分析法

　　氮氧化物　化学发光法、非分散红外吸收法、差分吸收光谱分析法

　　烟气参数　温度、压力、流速、流量等可参照有关方法进行监测

49. 机动车污染物排放的监测

目前汽油车常用的尾气检测方法主要有：双怠速法、稳态工况检测法和简易瞬态工况法。目前柴油车常用的尾气检测方法主要有：自由加速法、加载减速 LUGDOWN 法等。自由加速法又包括滤纸烟度法和不透光烟度法。

为了防治机动车排气污染、保护和改善大气环境、保障人体健康，各地相继出台了机动车排气污染防治办法。按照国家在用机动车污染物排放标准，要求新车登记（免检车辆除外）和在用机动车年检时必须进行排气污染检测，并核发机动车环保检验合格标志。

除定期在环保检测站对机动车进行排气污染检测外，还可以采取遥感检测等技术对行驶中的机动车污染物排放状况进行抽测。与传统检测方法需要拦停车以后再检测不同，利用车载红外、紫外激光检测设备，可对汽车尾气中的一氧化碳、碳氢化合物和氮氧化物进行实时监测。遥感监测设备仅需 0.8 秒就可完成一辆正常行驶车辆的检测，不影响被测车辆正常行驶，因此不会造成交通堵塞。

50. 餐饮业排放油烟的监测

2001 年国家颁布了《饮食业油烟排放标准（试行）》（GB 18483 —2001），防治饮食业油烟对大气环境和居住环境的污染。该标准中规定的油烟采样和分析方法分别为金属滤筒吸收和红外分光光度法。2004 年江苏省颁布地方标准《饮食业油烟快速检测 检气管法》（DB 32/T 664—2004），提出检气管法的监测技术规范。

51. 利用卫星遥感监测秸秆焚烧

近年来，夏秋农作物收获之后，农村一些地方焚烧秸秆现象较为普遍。火起之处，浓烟滚滚，气味刺鼻，遮天蔽日，笼罩城市。焚烧秸秆不仅浪费了可利用的资源，还造成了严重的空气污染，给公路交通和航空运输带来了安全隐患，破坏了生态环境。秸秆焚烧分布各县、乡，不易查证，难以统计，对秸秆焚烧的治理往往无的放矢，难以奏效。卫星遥感技术具有时效性强、分辨率高、资料获取快捷和费用低廉的特点，很好地解决了这一问题。综合运用 3S 技术（3S 技术是遥感技术 RS、地理信息系统 GIS 和全球定位系统 GPS 的统称，是空间技术、传感器技术、卫星定位与导航技术和计算机技术、通讯技术相结合，多学科高度集成的对空间信息进行采集、处理、管理、分析、表达、传播和应用的现代信息技术），对秸秆焚烧情况实行监控，为政府和有关部门及时了解秸秆焚烧宏观情况并采取相应措施提供了客观、准确的依据。

目前，主要通过卫星上搭载的中分辨率成像光谱仪（MODIS）数据监测秸秆焚烧火点。MODIS 传感器的仪器特征参数从设计上考虑了火点监测功能，因此从火点监测角度看其监测能力大大超越了其他卫星遥感仪器。而且，通过对 MODIS 资料不同波段光谱信息的综合运用，不论白天还是夜晚均可生成火灾监测产品，为全天候监测秸秆焚烧提供数据支持。

52. 环境空气质量标准

环境空气质量标准是为贯彻《中华人民共和国环境保护法》和《中华人民共和国大气污染防治法》，保护和改善生活环境、生态环境，保障人体健康而制定的。2012 年发布的新版《环境空气质量标准》（GB 3095—2012）规定了环境空气质量功能区划分、标准分级、污染物项目、取值时间及浓度限值、采样与分析方法及数据统计的有效性等。

新版环境空气质量标准增设了细颗粒物（$PM_{2.5}$）平均浓度限值和臭氧（O_3）8 小时平均浓度限值，收紧了可吸入颗粒物（PM_{10}）、二氧化氮（NO_2）等污染物的浓度限值。新标准颁布后，环境保护部立即印发了《关于实施〈环境空气质量标准〉的通知》、《空气质量新标准第一阶段监测实施方案》等一系列文件，明确了开展第一阶段监测的范围、内容和要求，对新标准监测实施工作进行了全面部署。出台了《关于加强环境空气质量监测能力建设的意见》，对城市环境空气自动监测能力建设、区域环境空气监测能力建设进行了部署和要求，全面优化新标准监测网络。并组织建立和完善新标准监测技术体系，开展新《空气质量评价办法》和新增指标监测方法、技术规范、质量控制规范等的研究与制定。

53. 国际环境空气质量标准发展概况

世界卫生组织（WHO）于 1997 年发布了新的《空气质量准则》，并于 2005 年发布了全球升级版，大幅度修订了中国现行空气质量标准制定时所参考的二氧化硫（SO_2）、二氧化氮（NO_2）、臭氧（O_3）和可吸入颗粒物（PM_{10}）等污染物的标准限值。很多发达国家和地区根据 WHO 新的准则成果以及各自环境空气污染特征和社会经济技术水平对其环境空气质量标准进行了修订。当前国际上环境空气质量标准控制的主要污染物为二氧化硫、一氧化碳、二氧化氮、臭氧、PM_{10} 和铅，但大部分发达国家都将细颗粒物（$PM_{2.5}$）作为最新的控制项目，取消了传统的总悬浮颗粒物（TSP）项目，而亚洲国家尤其是发展中国家则保留了 TSP 项目，对于 $PM_{2.5}$ 则没有增加的迹象。

欧盟、英国和日本都分别对苯等有毒有害挥发性污染物作为污染物项目进行了规定，而且欧盟和英国还对主要来源于燃煤和机动车排放的砷（As）、镉（Cd）和镍（Ni）等重金属污染物也进行了规定。从控制项目上来看，除日本外的亚洲国家关联度较高，日本、新加坡、澳大利亚、美国、墨西哥等关联度较高，而欧盟和英国的关联度较高。

整体上来看，中国污染物控制项目比较全面，但与欧盟等相比略显不足。需要说明的是，近年来，美国、WHO 等发达国家和组织对粗颗粒物（$PM_{2.5\sim10}$）的来源、环境效应、人体健康影响等进行了系统的研究，而且与 PM_{10} 的研究进行了对比分析，认为有必要对可吸入颗粒物中的粗颗粒物（$PM_{2.5\sim10}$）、细颗粒物（$PM_{2.5}$）实施分类管理，分别制定环境空气质量标准。

2000 年以来，依据最新的科学研究成果，美国、欧盟、日本、英国、加拿大、印度、泰国等国家和地区均对本国的环境空气质量标准进行了新一轮修订，修订的重点是进一步提高保护人体健康和生态环境的要求，普遍增加了PM$_{2.5}$浓度限值以及臭氧8小时浓度限值。

54. 我国环境空气质量标准发展概况

我国环境空气质量标准的发展是在我国环保标准体系发展的大框架下进行的，发展历程可以划分为四个阶段：

第一阶段 起步阶段。1973—1978年，期间发布了首个环境保护标准——《工业"三废"排放试行标准》（GBJ 4—73）。

第二阶段 体系框架初步构建阶段。1978—1987年，颁布了《中华人民共和国环境保护法》，确立了环境保护标准体系框架，制定完成了水、气、声环境质量标准。

第三阶段 体系建设与调整阶段。1987—1999年，环境质量标准逐步健全，制修订了主要工业行业水、气污染物排放标准和综合排放标准，以及监测方法标准等其他环境保护标准。

第四阶段 快速发展阶段。1999—2010年，标准地位不断上升，《中华人民共和国大气污染防治法》和《中华人民共和国水污染防治法》等明确规定"超标违法"，标准类型和数量大幅度增加，标准体系不断健全。

新环境空气质量标准的修订工作开始于 2008 年，编制组深入调研、汇总分析，于 2010 年形成了《环境空气质量标准》（征求意见稿）。经过向全社会广泛征求意见和反复修改，形成了《环境空气质量标准》修订草案，向国务院报告。2012 年 2 月 29 日，温家宝主持召开国务院常务会议，听取环境保护部负责同志关于修订实施《环境空气质量标准》情况的报告。会议同意由环境保护部与国家质量监督检验检疫总局联合发布新修订的《环境空气质量标准》。

55. 修订《环境空气质量标准》的必要性

空气质量基准研究有了新的进展 《环境空气质量标准》制修订的科学基础是空气质量基准。空气质量基准发生变化后，需要对环境空气质量标准进行评估和修订。近年来，一些重要污染物的空气质量基准又有了新的发展，如世界卫生组织（WHO）基于环境空气污染物健康影响研究的最新科学证据，于 2005 年发布了《空气质量准则——颗粒物、臭氧、二氧化氮和二氧化硫（2005

年全球更新版)》，修订了 4 种典型污染物的空气质量指导值；2000 年以来，美国也连续修订了颗粒物（PM_{10} 和 $PM_{2.5}$）、臭氧（O_3）、铅（Pb）、二氧化氮（NO_2）等环境空气质量基准文件。

我国环境空气污染特征发生变化　近年来，我国社会经济高速发展，以煤炭为主的能源消耗大幅攀升，机动车保有量急剧增加，经济发达地区氮氧化物（NO_x）和挥发性有机物（VOCs）排放量显著增长，臭氧和 $PM_{2.5}$ 污染加剧，在 PM_{10} 和总悬浮颗粒物（TSP）污染还未全面解决的情况下，京津冀、长江三角洲、珠江三角洲等区域 $PM_{2.5}$ 和臭氧污染加重，雾霾现象频繁发生，能见度降低。

标准需要适应环境管理的新需求　依据现行环境空气质量评价体系，我国部分区域和城市环境空气质量评价结果与人民群众主观感受不一致。原标准中分区分级要求不能适应新的社会经济发展和环境管理需求；部分污染物项目有待调整，限值有待修订；数据有效性规定有待收紧，部分监测分析方法也需更新等。

各国环境空气质量标准不断更新　2000 年以来，依据最新的科学研究成果，美国、欧盟、日本、英国、加拿大、印度和泰国等国家和地区均对本国的环境空气质量标准进行了新一轮修订，修订的重点是进一步提高保护人体健康和生态环境的要求，

普遍增加了 $PM_{2.5}$ 浓度限值以及臭氧 8 小时浓度限值。此外，欧盟、英国、印度等国家和地区还增加了镉（Cd）等重金属污染物限值。

56.《环境空气质量标准》制修订的原则

《环境空气质量标准》制修订的原则主要包括四个方面：一是以最新的环境空气质量基准研究成果为科学基础制定标准，以保护公众健康为最主要目标，重视保护生态环境和社会物质财富；二是充分考虑我国环境空气污染特征和经济技术发展水平；三是考虑国家环境空气质量阶段性管理目标，与现行环境空气质量相关法律、法规、规划、政策和标准相衔接；四是监测技术、设备和技术保障能够实现大规模、长期连续监测。实际上，其他国家和世界卫生组织（WHO）的环境质量标准制修订也是按照上述基本原则进行的，我国修订《环境空气质量标准》的工作思路符合国际通行做法。

57. 2012版《环境空气质量标准》与1996版标准的对比

与原标准相比，新标准主要有五个方面的突破：一是调整了环境空气质量功能区分类方案，将现行标准中的三类区并入二类区；二是完善了污染物项目和监测规范，评价因子增加了臭氧（O_3）、一氧化碳（CO）和细颗粒物（$PM_{2.5}$）；三是完善了空气质量指数发布方式，将日报周期从原来的前一日12时到当日12时修改为0时到24时；四是将环境空气污染指数（API）改为环境空气质量指数（AQI），与国际通行的名称一致；五是提高了对数据统计的有效性规定，这将使监测结果与公众的感觉更加贴近。

58.《环境空气质量标准》中的项目限值

《环境空气质量标准》（GB 3095—2012）中污染物项目限值的设置综合考虑了WHO关于大气污染物环境风险防控的研究成果和我国当前的实际环境形势，从最有助于促进我国大气环境保护的角度，参考WHO提出的环境空气污染物浓度目标值制订了标准限值，这是我国环境空气质量标准与国际接轨的一次重要实践。

空气质量新标准中污染物基本项目浓度限值

序号	污染物项目	平均时间	浓度限值		单位
			一级	二级	
1	二氧化硫（SO_2）	年平均	20	60	$\mu g/m^3$
		24 小时平均	50	150	
		1 小时平均	150	500	
2	二氧化氮（NO_2）	年平均	40	40	
		24 小时平均	80	80	
		1 小时平均	200	200	
3	一氧化碳（CO）	24 小时平均	4	4	mg/m^3
		1 小时平均	10	10	
4	臭氧（O_3）	日最大 8 小时平均	100	160	$\mu g/m^3$
		1 小时平均	160	200	
5	可吸入颗粒物（PM_{10}）	年平均	40	70	
		24 小时平均	50	150	
6	细颗粒物（$PM_{2.5}$）	年平均	15	35	
		24 小时平均	35	75	

空气质量新标准中污染物其他项目浓度限值

序号	污染物项目	平均时间	浓度限值		单位
			一级	二级	
1	总悬浮颗粒物（TSP）	年平均	80	200	$\mu g/m^3$
		24 小时平均	120	300	
2	氮氧化物（NO_x）	年平均	50	50	
		24 小时平均	100	100	
		1 小时平均	250	250	
3	铅（Pb）	年平均	0.5	0.5	
		季平均	1	1	
4	苯并[a]芘（BaP）	年平均	0.001	0.001	
		24 小时平均	0.002 5	0.002 5	

59. 空气质量指数（AQI）含义

空气质量指数（AQI）是定量描述空气质量状况的无量纲指数。先计算二氧化硫（SO_2）、二氧化氮（NO_2）、可吸入颗粒物（PM_{10}）、细颗粒物（$PM_{2.5}$）、臭氧（O_3）和一氧化碳（CO）等 6 项污染物的质量分指数，然后取分指数中的最大值作为当天的空气质量指数。根据每天的 AQI 确定当天的空气质量状况（优、良、轻度污染、中度污染、重度污染、严重污染），AQI 数值越大，说明空气质量越差。

当 AQI 大于 50 时，SO_2、NO_2、PM_{10}、$PM_{2.5}$、O_3 和 CO 6 项污染物的质量分指数中最大的那项污染物，被称为首要污染物。空气质量状况为优时不存在首要污染物。

60. AQI 与空气质量等级的关系

AQI	空气质量等级	空气质量状况	颜色
0～50	一级	优	绿色
51～100	二级	良	黄色
101～150	三级	轻度污染	橙色
151～200	四级	中度污染	红色
201～300	五级	重度污染	紫色
>300	六级	严重污染	褐红色

61. AQI 与空气污染指数（API）的区别和联系

API 即空气污染指数，是定量描述空气质量状况的无量纲指数。先计算二氧化硫（SO_2）、二氧化氮（NO_2）和可吸入颗粒物（PM_{10}）三项污染物的污染分指数，然后取分指数中的最大值作为当天的空气污染指数。根据每天的 API 确定当天的空气质量状况（优、良、轻微污染、轻度污染、中度污染、中度重污染、重污染），API 数值越大，说明空气质量越差。当 API 大于 50 时，SO_2、NO_2 和 PM_{10} 三项污染物的污染分指数中最大的那项污染物，被称为首要污染物。空气质量状况为优时不存在首要污染物。

由于评价内容的增加，AQI 评价结果与 API 评价结果将产生差异，在部分地区甚至会差异很大，但这并不意味着客观环境状况发生改变，而是评价方法改变所导致的。开展 AQI 评价和报告，首要任务是为公众提供简洁明了的空气质量状况和保护健康建议，《环境空气质量指数（AQI）日报技术规定》中还提出了不同空气质量状况下保护人体健康的具体建议，这将为提高环境信息公开效果、实现环保服务民生提供基础和技术支持。

62. 2012 版《环境空气质量标准》增加 PM$_{2.5}$ 限值的原因

　　细颗粒物（PM$_{2.5}$）是严重危害人体健康的污染物，这已经被科学证实。近年来我国 PM$_{2.5}$ 污染问题日益凸显。将 PM$_{2.5}$ 放入强制性污染物监测范围，出发点就是针对当前危害人体健康和生态环境的突出环境问题，引导有关区域的各级政府和社会各界积极开展相应的大气环境保护工作，防控雾霾等重点大气污染问题。既是我国以人为本、保护人体健康的需要，也是解决雾霾等环境管理的需要，有利于提高环境空气质量评价工作的科学水平、消除或缓解公众自我感观与监测评价结果不完全一致的现象。

63. 2012 版《环境空气质量标准》增加臭氧 8 小时浓度值的原因

　　研究发现，在低浓度臭氧（O$_3$）水平下暴露 6~8 小时仍然会引起健康效应。与 1 小时暴露相比，较低浓度水平 8 小时暴露引起的健康效应更直接相关，因而 20 世纪 90 年代后期国际上的 O$_3$

环境空气质量基准逐渐发展为 8 小时浓度值。世界卫生组织（WHO）依据近年的研究结果，提出的 8 小时平均浓度指导值为 100 微克/米^3，过渡期第一阶段目标值为 160 微克/米^3。

此次修订在保留臭氧 1 小时的同时增加了臭氧 8 小时这个项目，8 小时 O_3 平均浓度采用 160 微克/米^3，符合国际发展趋势，可以在环境空气质量实时发布过程中，更有效地提示公众和环境管理部门防护臭氧对健康的影响。

64. 我国空气质量标准与国外标准的差别

各国空气质量标准的主要控制项目及其浓度限值有所不同。我国环境空气质量标准控制的主要污染项目为二氧化硫（SO_2）、二氧化氮（NO_2）、可吸入颗粒物（PM_{10}）、细颗粒物（$PM_{2.5}$）、臭氧（O_3）和一氧化碳（CO）。国际上环境空气质量标准控制的主要污染项目为二氧化硫（SO_2）、二氧化氮（NO_2）、可吸入颗粒物（PM_{10}）、臭氧（O_3）、一氧化碳（CO）和铅（Pb）。

只有中国和美国实行空气质量标准的不同功能区分级。美国分初级标准和次级标准：初级标准保护公众健康，包括"敏感"人群，如哮喘病人、儿童和老人；次级标准提供公共福利保障，包括防止能见度下降和动物、农作物、植被、建筑物的损坏等。中国分一级标准和二级标准：自然保护区、风景名胜区和其他需要特殊保护的区域，执行一级标准；居住区、商业交通居民混合区、文化区、工业区和农村地区，执行二级标准。

65. 我国空气质量标准 PM$_{10}$ 和 PM$_{2.5}$ 相应限值与其他国家的差异

颗粒物是我国的大气首要污染物，一直以来其浓度水平都比较高，如果其标准值与世界卫生组织（WHO）的准则值一致，那么全国绝大部分城市都难以达到，因此颗粒物浓度限值的修订标准在考虑 WHO 准则值的基础上尽可能延续现行标准。

现行可吸入颗粒物（PM$_{10}$）一级标准年均和日均浓度限值分别为 40 微克/米^3 和 50 微克/米^3。年均浓度比 WHO 准则值高 1 倍，但国际上年均浓度限值为 40～65 微克/米^3，我国处于下限值；日均浓度与 WHO 准则值持平，而且在国际上基本处于较为严格的水平。现行 PM$_{10}$ 二级标准年均和日均浓度限值分别为 100 微克/米^3 和 150 微克/米^3。年均浓度限值比 WHO 准则值高 4 倍，在国际上处于最宽水平；日均浓度限值比 WHO 准则值高 2 倍，国际上日均浓度为 50～180 微克/米^3，与美国持平，基本上接近上限值。

我国的细颗粒物（PM$_{2.5}$）一级标准要求在任何情况下均不发生危害健康和生态环境的影响，因此一级标准的限值应尽可能严格。目前，国际上 PM$_{2.5}$ 的年均浓度限值为 15～40 微克/米^3，日均浓度限值为 25～65 微克/米^3。理论上，PM$_{2.5}$ 一级标准年均和日均浓度分别为 20 微克/米^3 和 25 微克/米^3，其中日均浓度与 WHO 的准则值一致，而年均浓度比 WHO 准则值高出 1 倍。必须指出的是，WHO 的年均准则值过于严格，目前，发达国家无一采用此限值，因此，建议为 15 微克/米^3，与国际上发达国家的标准下限值一致，也与 WHO 第三阶段过渡期目标值一致。

66. 环保部门监测结果的准确性和可靠性

为了确保监测数据的准确性，组织所有空气自动监测站工作人员和有关质控人员分批参加中国环境监测总站和省监测站组织的新监测方法、标准的培训，按照自动监测的质量控制制度要求，认真抓好日常质量控制工作，开展仪器设备的校零、校标工作，定期进行人工手工比对监测，同时接受上级监测站组织的质控抽查。

国家还建立了环境空气国控监测点位数据传输与信息发布联网系统，新标准实施后，将实时联网发布污染物的小时浓度值，不存在处理后发布的情况。

67. 能否预测未来几天的空气污染？

因为空气污染和局地污染源排放、气象条件、污染物的远距离传输有关，现在空气质量的预报模型更多地考虑气象条件，并根据历史监测数据来判断大致的空气污染状况。所以若要更准确地预测未来空气污染，预报模型还有待完善。预报空气污染目前还在探索和研究中。

当前，环保部门正在着力部署空气质量预报和空气重污染监测预警体系建设，充分利用环境遥感等新技术，创新空气质量状况发布的渠道和方式，及时回应社会关切。中国环境监测总站为各地开展预报业务提供技术指导，主动把预报初级成果提供给各地。京津冀、长三角、珠三角区域将率先建成区域、省、市级空气重污染监测预警体系。各地环保部门加强与气象部门的合作，做好空气重污染过程的趋势分析，完善会商研判机制，提高监测预警工作水平；主动服务，及时为地方政府及有关部门提供连续重度以上空气污染过程的监测预警信息，为启动有关应急措施、最大程度地减轻空气重污染影响提供决策支撑。

68. 公众获取污染物浓度信息的途径

公众可以从环保部门环境空气质量信息发布平台来获得污染物浓度信息。随着环保部门空气质量信息发布平台的不断更新和发展，公众可以通过包括手机软件、网站、微博、电视和广播等多种媒介获得污染物浓度信息。

公众可以登录环保部官方网页"数据中心"点击"全国城市空气质量实时发布平台（AQI 指数查询）"，查看城市和监测站点的空气质量信息，发布内容包括日报和实时报的二氧化硫（SO_2）、二氧化氮（NO_2）、可吸入颗粒物（PM_{10}）、细颗粒物（$PM_{2.5}$）、臭氧（O_3）和一氧化碳（CO）监测浓度值和 AQI 指数。同时，网站还以深浅不一的多种颜色在中国地图上标明各地污染程度，简明直观。

69. 为什么公众的感官感受与 API 常有背离？

公众的感官感受与空气污染指数有背离之感的原因是多方面的。一是目前纳入空气污染指数的评价因子偏少，已经不适应我国当前空气污染评价要求；二是 API 发布的周期（前一日 12 点到当日 12 点）与传统意义上的自然日有区别；三是 24 小时的周期评价结果与某一时刻的感官存在一定差异。在一些经济较为发达的地区，细颗粒物（$PM_{2.5}$）是造成这种背离感的重要原因。

新标准由于增加了监测项目、收紧了主要污染物的浓度限值、调整了数据统计的有效性规范、修改了评价时间，将能够更加准确地反映实际情况。在配合《环境空气质量标准》修订而制定的《环境空气质量指数（AQI）日报技术规定》颁布实施后，可以在一定程度上缩小公众感官感受与 API 之间的差异，也会使评价结果与公众感官不一致的情况得到一定改善。

70. 大气能见度很好，感觉空气质量很不错，为什么臭氧反而超标？

能见度与大气消光系数有直接关系，大气总消光包括颗粒物散射消光、颗粒物吸收消光、分子散射消光和分子吸收消光。

分子散射消光在空气中可以近似认为是常数（0.13×10^{-7}/千米），和其他三项相比，一般可以忽略。分子吸收消光作用主要由氮氧化物（NO_x）污染带来，其值大约为二氧化氮（NO_2）浓度的 3.3 倍。所以能见度的降低主要是由大气中颗粒物的散射和吸收作用而导致，而空气中臭氧浓度的升高不会对能见度产生明显的影响。

71. 北京市环保局的空气质量指数与美国大使馆的为什么不一致？

北京市环保局的空气质量指数是全市的平均数据，而美国驻华使馆在自己的一栋使馆大楼上建立了空气监测站，它专门监测使馆所在的朝阳区空气中细颗粒物（$PM_{2.5}$）的数据，每小时发布一次。由于大使馆和北京环保部门的监测范围和监测对象皆有不同，因此，大使馆公布的数值与北京官方公布的数值没有可比性。

72. 实施2012版《环境空气质量标准》的重要意义

实施空气质量新标准有利于进一步保护公众健康，缩小公众感官与空气质量评价结果的差异，推动环境宏观战略目标的实现；体现了我国环境空气质量管理思路从一次污染物控制向以二次污染物为主的复合污染控制转变，从局地控制向区域联防联控转变。

空气质量新标准的实施，在中国环境保护史上具有里程碑意义，标志着环境保护工作的重点开始从污染物控制管理阶段向环境质量管理和风险防范阶段转变，是继主要污染物总量控制减排之后，环保工作的重大部署和战略举措，是向空气污染宣战的号角。

73. 环保部门实施2012版《环境空气质量标准》的措施

在国家颁布并开始有计划地实施《环境空气质量标准》（GB 3095—2012）之后，环境保护部门针对新标准采取了以下措施：

环保部门顺应新形势优化部署了空气监测网络，并建立健全了极端不利气象条件下大气污染监测报告和预警体系。环境空气监测点位从 113 个环保重点城市的 661 个增加到现在的 338 个地级以上城市的 1 436 个。国家空气质量背景点位从 14 个调整为 15 个，区域（农村）点位从 31 个拟增加到 102 个（地方正在申报中）。改进空气监测方法并有计划地分步开展信息公开工作。

提高环境准入门槛。严把新建项目准入关，严格控制"两高一资"项目和产能过剩行业的过快增长及产品出口。加强区域产业发展规划环境影响评价，严格控制钢铁、水泥、平板玻璃、传统煤化工、多晶硅、电解铝、造船等产能过剩行业扩大产能项目建设。

深入开展重点区域大气污染联防联控。在京津冀、长三角、珠三角等重点区域实施大气污染防治规划，加大产业调整力度，加快淘汰落后产能。积极推广清洁能源，开展煤炭消费总量控制试点。实施多污染物协同控制，制定并实施更加严格的火电、钢铁、石化等重点行业大气污染物排放限值，大力削减二氧化硫、氮氧化物、颗粒物和挥发性有机物排放总量。

切实加强机动车污染防治。采取激励与约束并举的经济调节手段，加快推进车用燃油品质与机动车排放标准实施进度同步，提升车用燃油清洁化水平。全面落实第四阶段机动车排放标准，鼓励重点地区提前实施第五阶段排放标准。全面推行机动车环保标志管理，加快淘汰"黄标车"，到 2015 年基本淘汰 2005 年以前注册运营的"黄标车"。加强机动车环保监管能力建设，强化在用车环保检验机构监管，全面提高机动车排放控制水平。总之，空气污染的治理是一个长期的过程，需要多部门联动和公众的共同努力。

74. 2012 版《环境空气质量标准》下我国主要城市的空气质量达标情况

随着经济社会的快速发展，机动车保有量急剧增加，经济发达地区氮氧化物（NO_x）和挥发性有机化合物（VOCs）排放量显著增长，臭氧（O_3）和细颗粒物（$PM_{2.5}$）污染加剧。O_3 污染和颗粒物污染通过光化学烟雾联系起来，高臭氧浓度增强了大气氧化性，使得 SO_2、NO_x、VOCs 等迅速转化为 $PM_{2.5}$，造成大气能见度下降。特别是京津冀、长江三角洲、珠江三角洲等经济发达地区，$PM_{2.5}$ 和 O_3 污染加重，每年出现霾污染的天数达 100 天以上，个别城市甚至超过 200 天。

2012 年，325 个地级及以上城市环境空气质量按照《环境空气质量标准》（GB 3095—1996）评价，达标城市比例为 91.4%。按照《环境空气质量标准》（GB 3095—2012）评价，达标城市比例仅为 40.9%。113 个环境保护重点城市按照《环境空气质量标准》（GB 3095—1996）评价达标城市比例为 88.5%，按照《环境空气质量标准》（GB 3095—2012）评价达标城市比例仅为 23.9%。

75. 如何看待 2012 版《环境空气质量标准》实施后环境空气质量评价结果下降？

由于空气质量新标准调整了污染物项目及限值、增设了细颗粒物（$PM_{2.5}$）平均浓度限值和臭氧（O_3）8 小时平均浓度限值、收紧了可吸入颗粒物（PM_{10}）和二氧化氮（NO_2）的浓度限值，致使空气质量达标率下降。根据环境保护部统计，实施新标准后全国将有 2/3 的城市不能达标，但这并不意味着这些城市的环境空气质量恶化，而是因为我们的标准加严、提高了。

第四篇　谁动了我们清洁的空气

76.　我国大气污染的主要成因

我国城市环境空气污染严重的原因，主要有以下 4 个方面：

产业结构转型升级步伐缓慢，发展模式依然粗放　高耗能、高污染的重工业发展过快、比重过大、集中度高，给环境空气质量带来巨大压力。

污染物排放强度高、污染物排放量大　大气污染物长期超环境容量排放是城市环境空气质量下降的根本原因。如 2012 年河北省第二产业生产总值占地区生产总值比例为 52.7%，粗钢产量超全国总量的 1/4。京津冀、长三角、珠三角区域占全国面积的 8%，消费了全国 43% 的煤炭，生产了 55% 的钢铁、40% 的水泥、52% 的汽柴油，二氧化硫、氮氧化物、工业粉尘排放量占全国的 30%，单位面积主要大气污染物排放量远远高于全国平均水平。

城市化加快带来空气污染压力　城市汽车保有量逐年提升，交通拥堵期间汽车长时间处于怠速状态，加大了尾气排放量。市政建设和道路、施工扬尘等污染源也加剧了空气污染。

不利的气象条件是诱发重污染发生的外部环境条件　2013年，华北平原和山东半岛的大部分区域年均风速同比普遍减少

0.1～0.3 米/秒。静风、逆温现象增多，空气流动性差，不利于污染物的扩散。华北平原大部、山东半岛北部地区、长江中下游和西南地区降水较常年同期偏少，其中河南、天津分别较 2012 年减少 24%、21%，弱化了对空气污染物的清除，进一步加剧了空气污染程度。

77. 大气污染源

大气污染源可分为自然源和人为源两大类。自然污染源是由于自然原因（如火山爆发、森林火灾等）而形成的，人为污染源是由于人们从事生产和生活活动而形成的。人为污染源又可分为固定源（如烟囱、工业排气筒）和移动源（如汽车、火车、飞机、轮船）两种。由于人为污染源普遍和经常存在，所以比起自然污染源来更为人们所密切关注。大气的主要污染源有：

工业企业 工业企业是大气污染的主要来源，也是大气卫生防护工作的重点之一。随着工业的迅速发展，大气污染物的种类和数量日益增多。由于工业企业的性质、规模、工艺过程、原料和产品种类等不同，其对大气污染的程度也不同。

生活炉灶与采暖锅炉 在居住区内，随着人口的集中，大量民用生活炉灶和采暖锅炉也需要耗用大量的煤炭，特别在冬季采暖时期，往往使受污染地区烟雾弥漫，这也是一种不容忽视的大气污染源。

交通运输　近几十年来，由于交通运输业的发展，城市行驶的汽车日益增多，火车、轮船、飞机等客货运输频繁，这些都给城市增加了新的大气污染源。其中具有重要意义的是汽车排出的废气。汽车污染大气的特点是排出的污染物距人们的呼吸带很近，能直接被人体吸入。汽车内燃机排出的废气中主要含有一氧化碳、氮氧化物、烃类（碳氢化合物）等。

农业生产　喷洒农药时，雾状或粉剂的微粒悬浮在大气中，造成对大气的污染。施用于农田的氮肥，有相当数量直接从土壤表面挥发成气体，进入大气造成氮氧化物含量增加。近年来最为突出的一个农业源是秸秆焚烧，在收割季节大量农作物秸秆被露天焚烧，会迅速造成严重的大气污染。此外，养殖场向集约化、工厂化发展，只有少部分养殖场引进了沼气发酵设备进行厌氧发酵处理，大部分禽畜养殖场均未采取任何处理直接排放，对周围环境造成危害。

78. 固定源、移动源、开放源

按照污染源的位置特点，可以将其分为固定源、移动源、开放源。

固定源 指固定于某一位置而不能移动的排放源，如锅炉、工业、餐饮、居民生活等。

移动源 指沿着一定路线和方向移动的排放源，如汽车、火车、飞机等。

开放源 指露天环境中无组织排放的排放源，如裸土的荒地、农田、山体、道路等；工业料堆、煤堆、灰场、建材场、垃圾场等；正在施工的道路、桥及各种工、民建筑物由于操作产生的扬尘等。

79. 点源、线源、面源、体源

大气污染源按预测模式的模拟形式分为点源、线源、面源、体源四种类别。

点源　通过某种装置集中排放的固定点状源，如烟囱、集气筒等。

线源　污染物呈线状排放或者由移动源构成线状排放的源，如城市道路的机动车排放源等。

面源　在一定区域范围内，以低矮集的方式自地面或近地面的高度排放污染物的源，如工艺过程中的无组织排放、储存堆、渣场等。

体源　由于源本身或附近建筑物的空气动力学作用使污染物呈一定体积向大气排放的源，如焦炉炉体、屋顶天窗等。

80. PM$_{2.5}$的主要来源

粒径小于 2.5 微米的细颗粒物（PM$_{2.5}$）主要来自化石燃料的燃烧（如机动车尾气、燃煤）、挥发性有机物等。

PM$_{2.5}$不是一种单个的空气污染物，而是由许多来自不同自然污染源的大量不同化学成分组成的一种复杂而可变的污染物。就产生过程而言，PM$_{2.5}$可以由污染源直接排出（称为一次颗粒物或一次粒子），也可以由各污染源排出的气态污染物在大气中经过复杂的化学反应而生成（称为二次颗粒物或二次粒了），其中二次颗粒物所占比例较大。

北京市已经开展了多年的 $PM_{2.5}$ 源解析工作，结果显示：北京的 $PM_{2.5}$ 有 22%以上是机动车排放的；近 17%是燃烧煤炭如电厂、锅炉、散煤排放的；16%是扬尘排放的；16%是工业喷涂挥发如汽车喷漆、家具喷漆产生的；4.5%是农村养殖、秸秆焚烧产生的；24.5%不是北京市自身产生的污染，主要来源于天津和河北。

81. $PM_{2.5}$ 的主要影响

对人体产生全方位影响　因为粒径较小，细颗粒物（$PM_{2.5}$）可以穿透呼吸道的防护结构，深入支气管和肺部，直接影响肺的通气功能，诱发肺部硬化、哮喘和支气管炎，甚至导致心血管疾病。此外，$PM_{2.5}$ 吸附在肺泡上很难脱落。更为可怕的是，$PM_{2.5}$ 还能携带空气中的病毒、细菌、放射性尘埃和重金属等物质，对呼吸系统、心血管、免疫系统、生育能力、神经系统和遗传等都有影响。

引发霾天气的罪魁祸首　$PM_{2.5}$ 对空气质量和能见度有重要影响，当大量极细微的包括 $PM_{2.5}$ 在内的颗粒均匀地浮游在空中时，会造成空气混浊，使水平能见度小于 10 千米，如果此时相对湿度小于或等于 70%，则呈现的天气就是霾天气。

82. 臭氧的来源

臭氧层臭氧来源　自然界中的臭氧，大多分布在距地面 20～50 千米的大气中，我们称之为臭氧层。自然界中的臭氧主要是紫外线制造出来的。当大气中的氧气分子受到短波紫外线照射时，氧分子会分解成原子状态。氧原子的不稳定性极强，极易与其他物质发生反应。与氧分子反应时，就形成了臭氧。此外，雷电作用也会产生臭氧，在打雷闪电时会产生几十万伏的高压电，电离空气及有机物形成臭氧。

低层空气中臭氧来源　低层空气中的臭氧是导致光化学烟雾的主要原因之一，主要源于汽车排气中二氧化氮的光化学分解，燃料燃烧、石化加工等也是臭氧的重要来源。随着汽车尾气和工业废气排放的增加，地面臭氧污染在欧洲、北美、日本以及我国的许多城市成为普遍现象。

83. 臭氧的影响

　　臭氧"在天为佛，在地为魔"。地球大气中臭氧浓度最大的地方是距离地面 20～25 千米的高空，这里的臭氧吸收了太阳辐射出来的大部分紫外线，保护了地球上的生物组织不被太阳紫外线辐射所破坏。但是近地面附近的大气中的臭氧聚集过多，对人类来说反而是个祸害。

　　臭氧作为大气中的主要二次污染物和氧化性物质，强烈刺激人的呼吸道，造成咽喉肿痛、胸闷咳嗽、引发支气管炎和肺气肿；臭氧会造成人的神经中毒，导致头晕头痛、视力下降、记忆力衰退；臭氧会对人体皮肤中的维生素 E 起到破坏作用，致使人的皮肤起皱、出现黑斑；臭氧还会破坏人体的免疫机能，诱发淋巴细胞染色体病变，加速衰老，致使孕妇生畸形儿；而复印机墨粉发热产生的臭氧及有机废气更是强致癌物质，它会引发各类癌症和心血管疾病。

84. 机动车尾气中的主要污染物

机动车尾气中的主要污染物是一氧化碳、氮氧化物、碳氢化合物、硫化物等。它们对环境的污染主要表现为产生温室效应，破坏臭氧层，产生酸雨、黑雨等现象。对人体的危害主要表现为造成各种疾病，严重损害呼吸系统，并且具有很强的致癌性。

机动车排放对细颗粒物（$PM_{2.5}$）浓度的贡献主要有两个方面，一是一次粒子，即直接排放细颗粒物；二是二次粒子，即机动车排放的氮氧化物、挥发性有机物等气态污染物在大气中通过化学反应生成细颗粒物。

85. 机动车尾气污染的直接危害

机动车污染物集中在离地面 1 米左右的层面排放，正处在人的呼吸带附近，对人体健康的危害十分严重。

机动车尾气中的一氧化碳主要因汽缸内燃料不充分燃烧形成。发动机汽缸本身的容积很小，在吸气冲程中吸入的空气只有

20%是氧气，也就是说，吸气冲程中吸入的空气最多只有 20%参与燃烧，所以燃料在汽缸内无法充分燃烧，从而形成大量一氧化碳。一氧化碳是一种无色无味的剧毒气体，可以在大气中保持两三年，它极易与血液中的血红蛋白结合，在较低浓度时就能使人或动物遭到缺氧性伤害。

机动车尾气中的碳氢化合物，主要是燃油中的碳氢化合物不完全燃烧产生的。碳氢化合物属挥发性有机化合物，它容易在太阳光下产生光化学烟雾，在一定的浓度下对植物和动物有直接毒性，对人体有致癌作用。

机动车尾气中的氮氧化物是在压缩冲程的末尾阶段产生的，火花塞喷出电火花，将吸气冲程中吸入的燃料和空气混合物点燃，经过压缩的氮气和氧气，在高温和放电作用下生成多种氮氧化物。氮氧化物会刺激人的眼、鼻、喉和肺，增加病毒感染的发病率。

机动车尾气中的硫化物主要是由燃料杂质中的硫元素在高温下发生化学反应形成的。硫化物进入大气层后经氧化生成硫酸，在云中形成酸雨，部分硫化物还会形成悬浮颗粒物，随人的呼吸进入肺部，对肺部有直接的损伤作用。

86. 机动车尾气污染的间接危害

　　机动车尾气在危害人体健康的同时，也对人类生活的环境产生了深远影响。尾气中的二氧化硫在大气中累积达到一定浓度时容易导致酸雨，造成土壤和水源酸化，影响农作物和森林的生长。

　　机动车尾气还是二氧化碳的来源之一，二氧化碳是最为重要的温室气体，被很多科学家认为是地球变暖的罪魁祸首。在全球变暖背景下，冰川融化、厄尔尼诺、拉尼娜等事件的发生都给人类的生存带来了严峻的挑战。

　　机动车尾气中各种成分还可能相互作用，经过复杂的化学反应之后，生成新的有害物质，也就是机动车尾气的二次污染。其中最厉害的就是堪称"尾气杀手"的光化学烟雾，氮氧化物和碳氢化合物会在太阳光下产生光化学烟雾，这种烟雾会损害人的呼吸系统，腐蚀建筑和钢铁。最早出现的由汽车尾气造成的大气污染事件就是美国洛杉矶光化学烟雾事件。

87. 餐饮油烟的成分

　　餐饮业油烟是指食油在烹饪加工过程中挥发的油脂、有机质及其加热分解或裂解的产物。食用油分为植物油和动物油，植物油有豆油、菜籽油和花生油等，主要成分为亚麻酸、亚油酸等不饱和脂肪烃；动物油主要是猪油，猪油成分为饱和脂肪酸甘油酯。食用油的沸点不尽相同，主要成分的沸点约为 300℃，在传统的中国式烹饪方法如熘、炒、爆、炸等过程中（260℃左右）可产生大量含有各种短链醛、酮以及多环芳烃（PAHs）等成分的油烟，在加热过程中会发生热分解及氧化分解而产生大量挥发性有机物和不挥发性有机物。

常见油烟化合物

化合物	分子式	化合物	分子式
2-甲基丁醇	$C_6H_{14}O$	苯	C_6H_6
苯甲酸	C_7H_8O	2,6-二甲基喹啉	$C_{11}H_{11}N$
壬酸	$C_9H_{18}O_2$	二乙醇醚	$C_4H_{14}O$
环十四烷	$C_{14}H_{28}$	苯并噻唑	C_7H_5NS
乙氧基十二醇	$C_{14}H_{30}O_2$	甲基环癸烷	$C_{11}H_{12}$
环戊酮	C_5H_8O	甲氧基琥珀酰亚胺	$C_5H_7O_3N$
甲酚	C_7H_8O	炭黑	—

餐饮业油烟是一种气、固、液的混合物，含220多种污染物，化学成分十分复杂，主要含食品加工过程中挥发的油脂以及分解（裂解）的有机烃类化合物和不充分燃烧的炭黑颗粒，以及苯、苯系物、多环芳烃等有毒有害物质，常见油烟化合物见上表。

88. 餐饮油烟对环境的影响

对肺脏功能的影响　吸入餐饮油烟对健康人和慢性支气管炎病人的肺功能有明显的影响，表现为最大呼气流速（PEFR）、呼出肺活量的75%时的气体流量（V75）、呼出肺活量的50%时的气体流量（V50）、呼出肺活量的25%时的气体流量（V25）均明显下降，慢性支气管患者用力肺活量（FVC）和一秒用力呼气容积（FEV1）也明显降低，吸入者出现呛咳、胸闷、气短等症状。

致突变性与致癌性　餐饮油烟对人体细胞具有遗传毒性和致癌性，其遗传毒性与食物成分及食用油种类、烹调温度有关，随温度升高其致突变性增强；在油条店、烤鸭车间等产生的苯并[a]芘等多环芳烃，在烤鱼、烤肉过程中产生的烟气中的杂环胺类化合物等都具有致癌作用。

免疫毒性　较多地接触油烟可使机体外周血中淋巴细胞

ANAE 阳性率及 CD3+细胞百分数显著偏低；CD4+/CD8+比值下降；血清免疫球蛋白 IgG 偏高。从而导致平衡失调。

影响市容　目前，有些餐馆虽经过油烟处理，但去除效率不高，未能达到国家排放要求，有些（尤其是小餐馆）直接用风机将油烟抽到室外排放。餐饮油烟是一种成分极为复杂的气溶胶，油烟冷凝沉积形成油污，附着在风机和墙面上，影响建筑物美观和市容。未经净化处理的油烟排放严重恶化了周围的环境和卫生，影响了路人及居民的生活和健康。

89. 城市扬尘的主要来源

城市扬尘包括大风将外地的尘土从高空输送到本地产生的扬尘和由城市建筑施工、裸露地面、地面尘土、渣土堆放以及人为排放的颗粒污染物沉降等产生的尘土在风力和机动车跑动等外力作用下形成的扬尘。

近年来，我国尤其是中西部地区正处于城市基础设施建设的高峰时期，建筑、拆迁、道路施工及堆料、运输遗撒等施工过程产生的建筑尘不断增多，已成为颗粒物污染的重要原因之一。在施工过程中，由于管理措施不够完善，一些工地粗放式施工。料堆遮挡不够完整、严密，造成容易起尘的物料、渣土外逸；不能及时清理和覆盖建筑垃圾、渣土等；施工现场的路面不能及时清扫、出入工地的机动车不能及时冲洗等，均易产生建筑扬尘。

各类工业渣堆放场、垃圾堆放场、原煤堆放场等是扬尘的又一重要来源。在我国城市中，各类物料堆放场随处可见，并且大多都未采取有效的防尘措施。每个锅炉（尤其是采暖期）都至少对应一个原煤堆放场和粉煤灰场，如果把城市所有的物料堆放场加在一起，有的城市会达到几平方千米的面积。这么大的开放源，若没有合理有效的防尘措施，很容易造成大气扬尘污染。

交通运输过程中撒落于道路上的渣土、煤灰、灰土、煤矸石、沙土、垃圾等各种固体，以及沉积在道路上的其他排放源排放的颗粒物，经往来车辆的碾压后形成粒径较小的颗粒物进入空气，形成道路交通扬尘。在道路等级不高、道路两旁绿化不好的路面上常常积有大量的尘土，汽车行驶在路面上会造成尘土飞扬。这部分颗粒物往往是反复扬起、反复沉降，造成重复污染。由于道路的面积很大，占城市面积的 10%以上，所以道路扬尘污染不容忽视。

90. 秸秆焚烧的危害

污染空气环境，危害人体健康 焚烧秸秆时，大气中二氧化硫、二氧化氮、可吸入颗粒物三项污染指数达到高峰值，其中二氧化硫的浓度比平时高出 1 倍，二氧化氮、可吸入颗粒物的浓度比平时高出 3 倍。当可吸入颗粒物浓度达到一定程度时，对人的眼睛、鼻子和咽喉含有黏膜的部分刺激较大，轻则造成咳嗽、胸闷、流泪，严重时可能导致支气管炎发生。

引发火灾，威胁群众的生命财产安全 秸秆焚烧，极易引燃周围的易燃物，尤其是在敏感区域，一旦引发大火，后果将不堪设想。

引发交通事故，影响道路交通和航空安全 由于大部分高速公路两旁都有大量的农田，焚烧秸秆形成的烟雾，会造成空气能见度下降，使可见范围缩小，容易引发交通事故。

破坏土壤结构，造成农田质量下降 焚烧秸秆使地面温度急剧升高，能直接烧死、烫死土壤中的有益微生物，影响作物对土壤养分的充分吸收，直接影响农田作物的产量和质量，影响农业收益。

91. 秸秆焚烧火点的主要分布地区

　　根据中国气象局国家卫星气象中心公布的结果，2013 年 6 月 3—9 日期间利用风云三号等气象卫星共监测到河南、安徽、湖北等省的焚烧作物秸秆火点 638 个（不包括云覆盖下的火点信息）。其中湖北省 31 个，涉及 2 个地区 5 个县；河南省 255 个，涉及 6 个地区 28 个县；安徽省 352 个，涉及 11 个地区 28 个县。另外，从近 5 年历史同期统计结果看，安徽、江苏、河南、山东是监测到秸秆焚烧火点较多的省份。

气象卫星冬麦区火情监测示意图（2013 年 6 月 3—9 日）

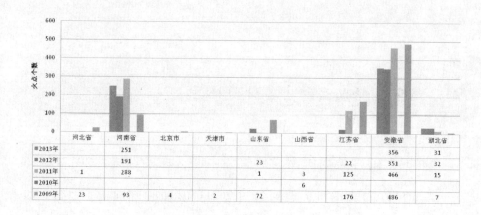

	河北省	河南省	北京市	天津市	山东省	山西省	江苏省	安徽省	湖北省
2013年		251						356	31
2012年		191			23		22	351	32
2011年	1	288		1		3	125	466	15
2010年						6			
2009年	23	93	4	2	72		176	486	7

近5年卫星监测秸秆焚烧火点统计图（逐年6月3—9日）

92. 烟花爆竹的主要成分

烟花爆竹的化学成分可分为四类，具体如下：

第一类 氧化剂，如硝酸盐类、氯酸盐类等。

第二类 可燃物质，如硫黄、木炭、镁粉和赤磷。爆竹内的火药是以1硫2硝3碳的黑色火药为基础发展而来的。

第三类 火焰着色物，如钡盐、锶盐、钠盐和铜盐。焰色来源于高温下金属离子的焰色反应，如果这些重金属被人大量吸入，可使人重金属中毒。

第四类 其他特效药物，如苦味酸钾、聚氯乙烯树脂、六氯乙烷、各种油脂和硝基化合物，这些物质会造成有机污染。

93. 烟花爆竹燃、爆后的有害物质

烟花爆竹燃、爆后的有害物质主要包括：

气态生成物 二氧化硫（SO_2）、五氧化二磷（P_2O_5）、二氧化氮（NO_2）、一氧化碳（CO）、二氧化碳（CO_2）、氯化氢（HCl）、铅蒸气（Pb）、可吸入颗粒物（PM_{10}）等。

固态生成物 铅化物、汞化物、砷化物、锑化物，钛、锆、硼的化合物及未完全燃烧的有害物质如木炭、残渣等。

残留碎片 金属、易碎塑料等。

94. 烟花爆竹燃放对环境的影响

燃放烟花爆竹，是我国人民的重要习俗，不仅极大地丰富了百姓的节日生活，也平添了节日的喜庆祥和。但是，燃放烟花爆竹对环境的影响不容小觑。

烟花爆竹燃放后产生的烟雾刺激性较强，大量烟花爆竹集中燃放会导致城市细颗粒物（$PM_{2.5}$）浓度急剧升高，造成严重的大

气污染。环保部门对北京地区 2014 年 1 月 30 日除夕夜的监测结果显示，由于集中时间燃放烟花爆竹，北京市 $PM_{2.5}$ 小时浓度明显升高，$PM_{2.5}$ 小时平均浓度为 324 微克/米 ^{3}，空气质量为严重污染。开展空气质量新标准监测的 161 个城市中，有 68 个城市发生了重度及以上污染，其中 16 个城市空气质量为严重污染。

95. 挥发性有机物对空气质量的影响

挥发性有机物（VOCs）组分十分复杂，分为包括烷烃、烯烃、炔烃、芳香烃等的非甲烷碳氢化合物（NMHCs），包括醛、酮、醇、醚等的含氧有机化合物（OVOCs），卤代烃，含氮化合物，含硫化合物等几大类成千上万种物质。

虽然大气中挥发性有机物浓度较低，但其在大气中的化学反应会显著改变大气物理和化学性质，从而对空气质量产生不利影响。首先，大气中的 VOCs 控制大气中臭氧的形成，是大气氧化性增强的关键因素。大气中，VOCs 与 OH 自由基发生氧化反应，产生二氧化氢、过氧烷基等自由基中间体。自由基中间体促使一氧化氮向二氧化氮转变，二氧化氮光解形成臭氧，进而形成光化学烟雾，带来极大危害。其次，VOCs 在一定条件下会转化生成二次有机气溶胶（SOA），这是细颗粒物（PM$_{2.5}$）中的重要组分。最后，很多 VOCs 及其光化学产物对人体健康有直接危害，常见的如苯、甲苯、甲醛、乙醛、丙烯醛等。这些有毒有害挥发性有机物通过呼吸道、皮肤等进入人体，导致各种急、慢性疾病的发生，包括黏膜刺激、炎症、心肺疾病、癌症等。

96. 我国出现机动车尾气高污染的原因

我国已连续 3 年成为世界机动车产销第一大国，机动车污染已成为空气污染的重要来源，是造成霾、光化学烟雾污染的重要原因。我国机动车尾气排放造成的大气污染远较发达国家严重，还基于以下原因：

机动车质量不高，造成高排放　我国的机动车制造业在尾气排放控制技术方面，较发达国家有明显差距，国产机动车耗油高、排放高。

燃油质量不高，造成高油耗、高排放　我国机动车燃油存在标号偏低、质量不稳定、含硫量高等问题。

道路制约和交通不畅，造成高排放　由于交通状况的影响，机动车经常运行速度较低或处于怠速状态。车速越慢，污染物排放量越大。

机动车尾气控制水平低 黄色检验合格标志的机动车污染较重，以汽油车为例，1 辆黄标汽油车的污染物排放量相当于 14 辆国Ⅲ车或者 28 辆国Ⅳ车的污染物排放水平。

97. 郊区的臭氧污染比市区严重

臭氧的前驱物（氮氧化物和挥发性有机化合物）主要来自城市污染源，但由于这些前驱物排放后需要几个小时才能形成臭氧（O_3），而臭氧又特别活泼，形成后会继续与其他污染物发生反应，城市中心不断加剧的污染排放，会暂时把这里的臭氧"吃掉"，消耗掉部分臭氧，变成其他污染物后随风飘向郊区。

郊区的臭氧来源包括：城市形成的臭氧及其前驱物随风输送到郊区，在郊区集聚；城区消耗臭氧形成的其他物质飘到郊区以后在紫外线的照射下发生光化学反应又重新变回臭氧。

市区臭氧浓度低于郊区的原因是多方面的。市区空气中含有的臭氧前驱物有利于臭氧的生成，但是空气中大量的氮氧化物（NO_x，特别是 NO）能够与臭氧发生反应，从而导致臭氧在市区的累积比郊区少。市区的臭氧前驱物被排放到空气中后会随风转移到郊区，然后在紫外线的照射下发生光化学反应生成臭氧，导致郊区臭氧浓度高于市区。市区的太阳紫外辐射远比郊区弱，也在一定程度上影响了臭氧的生成速率，降低了臭氧浓度。

98. 臭氧峰值出现在 13 时左右

臭氧（O_3）主要是通过光化学反应形成的，臭氧日变化的峰值一般出现在光照强的时候，而一天中 13 时左右的光照最强，故此时臭氧浓度最高。

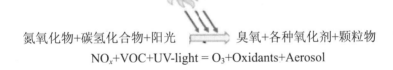

氮氧化物+碳氢化合物+阳光 $\longrightarrow$ 臭氧+各种氧化剂+颗粒物

$NO_x + VOC + UV\text{-}light = O_3 + Oxidants + Aerosol$

99. 臭氧和 PM$_{2.5}$ 污染严重的季节

我国臭氧污染程度为夏季高冬季低，因为臭氧（O$_3$）主要是通过光化学反应形成的，而我国夏季光照时间普遍比冬季长。

细颗粒物（PM$_{2.5}$）污染程度为夏季低冬季高，因为冬季气温较低、风速较小、日照时间短、气压高，此时大气层结较稳定，大气条件不利于污染物的扩散，加之冬季降水较少，不利于污染物的稀释和沉降，使得局地污染物不断积累，浓度升高。而夏季的气象条件有利于污染物的扩散，故夏季浓度较低。

第五篇　保护清洁的空气需要我们共奋斗

100. 大气污染控制的对象

　　大气污染控制的对象主要是人为活动，特别是燃料燃烧、工业生产过程、农业生产过程和交通运输所排放的含有污染物的废气。主要包括含尘废气、低浓度二氧化硫（SO_2）废气、氮氧化物（NO_x）废气、含氟废气、含铅废气、含汞废气、有机化合物废气、硫化氢（H_2S）废气、酸雾、沥青烟及恶臭等，也包括对破坏臭氧层物质和温室气体排放的控制。

　　长期以来，我国大气环境污染以煤烟型污染为主，主要是工业生产过程燃煤和城市居民生活燃煤过程排放的污染物。2002 年 1 月 30 日，原国家环保总局、国家经贸委、科技部联合发布了《燃煤二氧化硫排放污染防治技术政策》，明确指出当前我国控制的主要污染源包括燃煤电厂锅炉、工业锅炉和炉窑，以及对局地环境污染有显著影响的其他燃煤设施。重点区域是"两控区"（酸雨控制区或者二氧化硫污染控制区），及对"两控区"酸雨的产生有较大影响的周边省、市和地区。

　　近年来随着城市化进程的加快以及经济的快速发展，以机动车尾气为代表的石油型污染在一些大中城市日益突出。因此，控制的主要污染物除燃煤烟气以外，还包括机动车尾气和工业工艺尾气中的有毒物质。

101. 大气污染控制的主要技术

根据污染控制的方法原理可将大气污染控制技术分为洁净燃烧技术、烟气的排放、工业通风技术、颗粒污染物控制技术、气态污染物控制技术等。根据污染控制的对象可将大气污染控制技术分为除尘技术、脱硫技术、NO_x 控制技术，以及含氟废气、含铅废气、含汞废气、有机化合物废气、硫化氢废气、酸雾、沥青烟及恶臭净化技术等。

大气污染控制技术及其净化的污染物

大气污染控制方法		主要作用或净化的主要污染物
颗粒污染物控制技术	除尘技术	烟尘、工业粉尘
气态污染物控制技术	吸收法	SO_2、NO_x、氟化物
	吸附法	SO_2、NO_x、有机化合物
	燃烧法	碳氢化合物、CO、恶臭、沥青烟
	催化法	CO、碳氢化合物、NO_x
	冷凝法	有机溶剂蒸汽
工业通风技术	全面通风	保持车间环境空气质量满足健康卫生标准
	局部通风	控制室内污染物排放，收集污染气体进入净化装置
洁净燃烧技术		粉尘、SO_2、NO_x
烟气的高烟囱排放		对各种污染物进行稀释排放

102. 煤脱硫技术

经过多年研究，目前已开发出了 200 多种二氧化硫（SO_2）控制技术。按脱硫工艺与燃烧的结合点可分为：燃烧前脱硫、燃烧中脱硫和燃烧后脱硫。

燃烧前脱硫技术　燃烧前脱硫是指在燃烧前对煤炭进行加工处理，主要有洗煤、煤炭的气化和液化等。

燃烧中脱硫技术　燃烧中脱硫是指炉内脱硫、循环流化床燃烧、炉内喷入钙系等脱硫剂的粉煤燃烧。燃烧中脱硫技术费用少、投资省，但效率不高，有易结渣、磨损和堵塞的问题。一般只适用于中小锅炉的烟气脱硫，对大功率的电厂锅炉和燃油锅炉不适用。主要技术有循环流化床燃烧脱硫、炉内喷钙脱硫等。

燃烧后脱硫技术　燃烧后脱硫技术即烟气脱硫（FGD），是指从含有二氧化硫（SO_2）的烟气中脱除二氧化硫（SO_2）。它是控制二氧化硫（SO_2）污染的主要技术手段，是目前唯一大规模商业应用的脱硫方式。对于燃煤锅炉来说，在今后一个相当长的时期内，烟气脱硫仍然是控制二氧化硫（SO_2）排放的主要方法。

103. 低 NO_x 生成燃烧技术

　　低氮氧化物（NO_x）生成燃烧技术是目前主要的或比较容易实施的污染控制方法，适合于燃用气态、液态和固体燃料的各种不同类型的锅炉。

　　燃烧过程产生的 NO_x 分为三类：一类是在高温燃烧时空气中的氮气与氧气反应生成的 NO_x，称为热力型 NO_x；另一类是燃料中的有机氮通过化学反应生成的 NO_x，称为燃料型 NO_x；第三类是火焰边缘形成的快速型 NO_x。在三类 NO_x 中，快速型 NO_x 不到5%。当燃烧区温度低于 1 350℃时几乎没有热力型 NO_x，只有当燃烧温度超过 1 600℃时，热力型 NO_x 才可能占到25%～30%。对于常规燃烧设备，NO_x 的燃烧控制主要是通过降低燃料型 NO_x 而实现的。对于常规燃烧设备，由于气体燃料中含氮量很少，煤的含氮量是重油的4～5倍，所以低 NO_x 生成燃烧技术大部分是针对燃煤锅炉的。

　　虽然燃料型 NO_x 的生成机理和破坏机理非常复杂，但人们在研究时发现，燃料中的氮转化为 NO_x 的比例除了和煤的种类、煤的含氮量、含氮化合物的类型及挥发分含量等有关外，还与燃烧温度及过量空气系数等燃烧条件有关。研究表明，过量空气系数越大，燃料中氮的转化率就越高，当过量空气系数小于 0.7 时，几乎没有燃料型 NO_x 生成。因此，控制燃料型 NO_x 生成量的主要措施就是在 NO_x 主要生成阶段采用富燃料燃烧，减少过量空气系数，使燃料氮在还原性气氛中尽可能多地转化为分子氮。根据这一原理，发展了两段式燃烧、低过量空气系数和烟气再循环等低 NO_x 生成燃烧技术。

在低 NO_x 生成燃烧技术中，关键设备是新型燃烧器。它是通过降低燃烧区氧气的浓度、降低高温区的火焰温度或缩短可燃气在高温区的停留时间等措施来降低的 NO_x 生成量的。燃烧器的主要类型有强化型低 NO_x 燃烧器、分割火焰型低 NO_x 燃烧器、部分烟气循环低 NO_x 燃烧器和二段燃烧低 NO_x 燃烧器。

104. 烟气脱硝技术

目前烟气脱硝技术主要有选择性非催化还原技术（SNCR）和选择性催化还原技术（SCR）以及 SNCR/SCR 混合烟气脱硝技术。

选择性非催化还原技术（SNCR）　是将含有 NH_x 基的还原剂（如氨气、氨水或者尿素等）喷入分解炉温度为 850～970℃的区域，在该温度区域的停留时间为 1～2 秒，该还原剂迅速热分解成氨气（NH_3）和其他副产物，随后 NH_3 与烟气中的 NO_x 进行 SNCR 反应生成氮气（N_2），该技术的脱硝效率一般为 30%～60%。

选择性催化还原技术（SCR） 是还原剂（氨水、尿素等）在催化剂的作用下，选择性地与 NO_x 反应生成 N_2 和水（H_2O），而不是被氧气（O_2）所氧化，故称为"选择性"。SCR 系统由氨供应系统、氨气/空气喷射系统、催化反应系统以及控制系统等组成，催化反应系统是 SCR 工艺的核心，设有 NH_3 的喷嘴和飞灰的吹扫装置，烟气顺着烟道进入装载了催化剂的 SCR 反应器，在催化剂的表面 NO_x 催化还原成 N_2。该技术的脱硝效率可达 80%～90%。

SNCR/SCR 混合烟气脱硝技术 是将 SNCR 工艺的还原剂喷入炉膛技术同 SCR 工艺利用逃逸氨进行催化反应的技术结合起来，进一步脱除 NO_x。它是把 SNCR 工艺的低费用特点同 SCR 工艺的高效率及低氨逃逸率进行有效结合。理论上，SNCR 工艺在脱除部分 NO_x 的同时也为后面的 SCR 脱硝提供了所需要的氨。SNCR 系统可向 SCR 催化剂提供充足的氨，但是控制好氨的分布以适应 NO_x 的分布的改变却是非常困难的。为了克服这一难点，混合工艺需要在 SCR 反应器中安装一个辅助氨喷射系统。通过试验和调节辅助氨喷射可以改善氨气在反应器中的分布效果。

105. 工业生产中的颗粒物净化技术

颗粒物是我国大气的主要污染物之一，因此，颗粒物净化技术显得十分重要。

颗粒物净化技术又称为除尘技术，它是将颗粒物从废气中分离出来并加以回收的操作过程，实现该过程的设备称为除尘器。常见的有机械式除尘器、湿式除尘器、静电除尘器和过滤式除尘器等。

机械式除尘器　利用重力、惯性力或离心力的作用将尘粒从气体中分离的装置称为机械式除尘器，包括重力除尘器、惯性除尘器和旋风除尘器等。

湿式除尘器　湿式除尘器是利用洗涤水或其他液体与含尘气体接触实现分离捕集粉尘粒子的装置。虽然具有较高的除尘效率，但由于排出的污泥要进行处理，否则会造成二次污染，且在净化有腐蚀性气体时，易造成设备和管道的腐蚀及堵塞等问题，现已很少采用。

静电除尘器　静电除尘是利用电场力的作用，使粉尘从气流中分离出来并沉积在电极上。由于具有除尘性能好、除尘效率高等优点，而被大中型企业广泛采用。

过滤式除尘器　过滤式除尘是使含尘气体通过过滤层，气流中的尘粒被阻截下来，从而实现含尘气体净化的过程。过滤式除尘器分为颗粒层除尘器和袋式除尘器。袋式除尘器是目前应用最广的高效除尘器之一。

106. 大气中污染物的去除

　　污染物在大气中可以通过一些自然过程去除：

　　干沉降　污染物通过重力沉降与植物、建筑物或地面（土壤）相碰撞而被捕获（被表面吸附或吸收）的过程，统称为干沉降。重力沉降仅对直径大于 10 微米的颗粒有效。过小的粒子由于其降落速度相对大气的垂直运动来说是可以忽略的，因此，与植物相碰撞可能是它们在近地面处较有效的去除过程。植物对粒子的去除效率与粒子大小、植物表面大小、形状以及湿度都有关系。对于气态污染物，干沉降也是一种很重要的去除途径。地表吸收的机制尚不十分清楚，可能与许多因素，如气象条件、地表的物理、化学性质以及气体本身的性质等有关。

　　湿沉降　大气中的物质通过降水而落到地面的过程，称为湿沉降。被降水湿去除或湿沉降对气体和颗粒物都是最有效的大气净化机制。湿沉降有两类：雨除和冲刷。雨除是指被去除物质参与了成云过程，即作为云滴的凝结核，使水蒸气在其上凝结；冲刷是指在云层下部即降雨过程中的去除。酸雨就是由于酸性物质的湿沉降而形成的。

化学反应去除　污染物在大气中通过化学反应生成气体或粒子而使污染物在大气中消失的过程，称为化学反应去除。对于某些气体污染物如二氧化硫（SO_2），此过程是重要的汇机制，不过这种机制也可能会产生新的污染物，因而又有新污染物的去除问题出现。

107. 如果要经常见到蓝天，细颗粒物（$PM_{2.5}$）浓度要降低到什么水平？

能见度与细颗粒物（$PM_{2.5}$）浓度呈幂指数相关，同时也受湿度的影响。$PM_{2.5}$的浓度对能见度的影响在不同的湿度条件下是不同的。当湿度小于90%时，能见度与$PM_{2.5}$浓度相关性较好。在湿度小于70%的条件下，若要使能见度达到10千米以上，$PM_{2.5}$的浓度需要降到50微克/米^{3}以下。在湿度大于80%的条件下，达到同样的能见度水平，PM$_{2.5}$的浓度则需要降到更低的水平。

108. 国外大气污染的发展和控制过程

工业革命以来，随着工业化进程的不断加快，欧美发达国家最先出现了大气污染问题。20 世纪 30 年代以来，工业发达国家相继出现了公害事件，例如比利时的马斯河谷事件、美国宾夕法尼亚州的多诺拉事件、英国的伦敦烟雾事件和日本的四日市事件。这些公害事件引起了人们的广泛关注，许多国家不得不采取措施治理大气污染。

（1）美国

作为最发达的国家，美国曾因工业排放、汽车尾气等造成严重的大气污染。为应对大气污染，美国主要采取了以下措施：

划区域管理 美国采取区域环境管理框架，打破州的界限，依据地理和社会经济状况，将全国划分成 10 个大的地理区域，设立区域办公室，进行统一管理。环保机构有权进行立法、执法、处罚，并通过强制执行手段和监控、技术改进等相结合的方式协调开展工作。加州一带的环保机关，制定并推行了空气质量管理计划，借助排污许可、信息公开与公众参与等方式，促进减排，终于在 20 世纪 80 年代降低了洛杉矶的臭氧浓度。

实时监测细颗粒　1997 年美国环保局根据《清洁空气法案》设立了专门针对大气细颗粒物（$PM_{2.5}$）含量的标准，以便更好地检测过去被忽略的这类细小颗粒物。美国对 $PM_{2.5}$ 的管理重点是严密监控、实时公开、立法规范。在全国范围内设立了数以千计的颗粒物检测站点。环保局的官方网站面向公众告知其测得的空气质量指数。其中 $PM_{2.5}$ 参数每小时更新一次。为了更直观，网站通常通过 6 种颜色表示空气污染情况。绿色表示"良好"，黄色、橙色、红色、紫色依次加重，酱红色则表示"危险"。民众还可要求环保局通过电子邮件发送指定地域的空气质量。

及时发布建议　当污染较为严重时，美国官方网站会要求民众控制户外活动的强度和时间，以此来减少身体损害。此外，媒体还劝告民众不要在繁忙的马路附近锻炼，不要在室内抽烟，减少使用蜡烛、烧木头炉子，以控制室内污染。

（2）英国

为应对大气污染，英国主要采取了以下措施：

控制煤炭使用　1956 年，英国颁布了《清洁空气法案》，主要立足点在减少煤炭用量。为此，英国政府大规模改造城市居民的传统炉灶，并在冬季采取集中供暖，将烧煤大户发电厂和重工业迁往郊区。之后又颁布法令，要求工厂按更高标准建立烟囱。

自行车代替汽车　到 20 世纪 80 年代，英国治理污染的重点转变为治理汽车尾气。政府要求所有新车都必须加装催化剂以减少氮氧化合物排放，又针对私家车征收高昂的进城费和停车费，控制私车流。同时，政府大力推动发展新能源汽车、公共交通和绿色交通。伦敦计划在 2015 年前建立 2.5 万套电动车充电装置，电动汽车买主将享受高额返利，并免交汽车碳排放税，甚至免费停车。自行车交通也被政府作为支柱，计划建设 12 条自行车高速公路。英国的高官们都以身作则，控制公务用车。2009 年的一天，首相卡梅伦骑自行车上班，而副首相克莱格则乘坐地铁出行。

增加城市绿化带　加强绿化也是治理大气污染的重要手段。在人口稠密的伦敦，人均绿化面积高达 24 米^2，城市外围还建有大型环形绿化带，面积达数千平方千米，几乎是城市面积的 3 倍。今日的伦敦，雾霾天气已经显著减少。

实时通报空气质量　英国政府重视将空气质量信息向民众实时通报。官方网络不但发布大伦敦地区实时空气质量数据以及各污染物每小时的浓度和一周趋势图，还专门开发了谷歌的地球图层，民众下载相关软件后，即可直观地看到英国本土所有监测点各污染物的数值和趋势。民众既可通过电脑上网浏览，也可通过手机应用软件随时查询。

（3）日本

日本在工业化前期，也曾经饱受污染之苦，"世界八大环境公害"事件中，就有 4 个发生在 20 世纪五六十年代的日本。为应对大气污染，日本主要采取了以下措施：

新楼必须有绿地　20 世纪 80 年代，日本开始多渠道整治污染，对环境极为重视，在人口密集的狭小国土上，取得了堪称奇迹的成就。日本治污的手段之一就是城市绿化，东京有关当局规定，新建大楼必须有绿地，必须搞楼顶绿化。东京的绿化很少种草，而是种树，不但要求绿化面积，还追求绿化体积。大量树木对城市空气的净化作用自然是不可忽视的。

控制汽车污染　这和一场旷日持久的官司有关。1999 年东京国道沿线的 600 多位呼吸道疾病患者，集体状告地方政府和 7 家柴油汽车企业，认为汽车尾气对他们的身体造成了伤害。经过专家认证，汽车尾气带来的 $PM_{2.5}$ 确实具有强烈的致癌作用。为此，东京在 2003 年推出了一项新立法，要求汽车加装过滤器，并禁止柴油发动机汽车驶入东京。新法规实施的第一天，交警在东京内外的主要路口全面检查，让每个司机发动引擎，然后用白毛巾堵在尾气排放口，如果发现白毛巾变黑，则这辆车不许进入东京。5 年后官司告一段落，被告的汽车企业拿出 12 亿日元，与 633 名患者和解。

（4）德国

在德国，到处都能看到利用新能源的影子，电动汽车、风能、太阳能、生物能，而很多新能源产业又在不断创造新的就业并带动工业发展。根据德国联邦统计局最新数据显示，德国可再生能源发展已经超过核能，成为供全国使用的第二大电力来源。到 2012 年，可再生能源发电量占比已经达到 22.1%，而核能已经从 2010 年的 22.4% 滑落到 16.1%。到 2022 年，核能将完全退出德国，其中很大一部分空白将会由可再生能源替代。

在新能源领域，风能和太阳能是两大主要力量。目前，德国风电装机容量约为 3 万兆瓦，位居世界第 3。德国的风电装备制造也已经占到了世界市场的 37%。太阳能也是德国的主要新能源，虽然德国阳光并不充足，但很多房屋都安装了太阳能电池板。

德国的能源政策和大气环境保护政策通常有整体的规划。德国联邦政府于 2010 年 9 月 28 日推出"能源方案"长期战略，目的是提高绿色能源比例、保护环境。制定了从 2020 年到 2050 年的多个分阶段目标：与 1990 年相比，到 2020 年德国的温室气体排放将降低 40%。可再生能源发电量占总发电量的比例到 2020 年将提高到 35%，到 2030 年达到 50%，到 2050 年更是要提高到 80%。而可再生能源供热与总供热的比重到 2020 年要达到 40%。

在效率和节能方面也有涉及，到 2020 年，与 1990 年相比，将能源生产率水平提高一倍。2010—2020 年，将电力消耗量降低 10%。到 2050 年，一次能源的消耗要减少 50%，电力方面的消耗减少 25%，高层建筑能源消耗要减少 80%，运输的终端消耗要减少 40%。

总之，欧美发达国家经过几十年的努力，城市大气中的硫污染和烟尘污染基本得到了解决，环境空气质量已经得到了很大改善。在欧洲，一系列硫协议的执行使二氧化硫排放量大量削减，酸雨进一步加重的势头得以控制。在美国，1990 年《清洁大气法修正案》的实施已经成功削减了二氧化硫（SO_2）排放量，美国东部酸雨得以减轻。与此同时，由于氮氧化物和挥发性有机化合物（VOCs）的排放使得对流层臭氧问题（尤其是光化学烟雾）日趋严重，氮氧化物对环境酸化的贡献正在增长。细颗粒对人体健康的危害越来越引起人们的关注，欧美各国制定了更加严格的标准以控制细颗粒污染。

109. 我国的能源结构

在自然界里，能够产生能量的物质，被人们称为能源。按照提供能源的形式，能源可分为燃料能源和非燃料能源。燃料能源一般是指能够作为燃料的物质，包括矿物燃料，如煤炭、石油、天然气等；生物燃料，如碳水化合物、蛋白质、脂肪、木材、沼气、有机废物等；化工燃料，如丙烷、甲醇、酒精、苯胺、火药、可燃元素（硼、铝、镁）、废塑料制品等；核燃料，如铀、钍、氘等。非燃料能源一般是指那些不通过燃烧过程而提供能量的能源，例如，风能、水能、潮汐能；热能，如地热能；光能，如太阳能、激光等；电能，如电力等。

从能源消费结构来看，煤炭依然是我国的主要燃料能源。世界上 50%的煤炭在中国燃烧，我国二氧化硫、氮氧化物及烟尘的排放，绝大部分来自于煤炭消费。我国 2013 年煤炭消费占一次能源比重达 66%，而美国和日本煤炭消费在一次能源中占比一直维持在 25%左右。我国煤炭大致 50%用来发电，虽然目前的燃煤发电减排技术已经相当成熟，但由于煤炭消费的基数庞大，导致每年的排放量依然非常惊人。按照目前燃煤发电的节能减排技术，二氧化硫、氮氧化物以及烟尘的减排效率分别可达到 95%、80%和 99.9%。但即使有这样的减排技术，燃煤发电每年还是排放了二氧化硫 884 万吨、氮氧化物 949 万吨以及烟尘 156 万吨。仅燃煤发电排放的二氧化硫和氮氧化物就几乎占到了总排放量的 50%。

110. 调整能源结构，防治大气污染

  燃料能源在燃烧过程中产生的颗粒污染物和气态污染物是雾霾的主要来源之一。我国能源结构的一个典型特点是长期以来以煤为主，发热量低、污染大。因此，近年来我国加快了能源结构调整的步伐。在转变能源消费方式方面，将主要控制能源消费总量过快增长，以提高能源效率为主线，保障合理用能，鼓励节约用能，控制过度用能，限制粗放用能。同时继续促进能源结构优化，降低煤炭消费比重，出台并组织实施煤炭减量替代方案，大力发展清洁能源。

  例如，安徽省是煤炭生产大省，能源消费结构以煤炭为主，2012 年全省能源消费结构煤炭占 80.6%，清洁能源比重很低，仅为 3.87%。安徽省优化能源结构的重点在于，一方面通过制定全省煤炭消费总量中长期控制目标，合理控制煤炭消费总量；另一方面制定出台推进新能源节能环保产业发展的政策措施，加快开发利用生物质能、风能、太阳能、地热能等新能源，推广应用新能源汽车，不断提高非化石能源消费总量占能源消费总量的比例。

111. 我国的产业结构

　　产业结构是指各产业的构成及各产业之间的联系和比例关系。在经济发展过程中，由于分工越来越细，因而产生了越来越多的生产部门。这些不同的生产部门，受到各种因素的影响和制约，会在增长速度、就业人数、在经济总量中的比重、对经济增长的推动作用等方面表现出很大的差异。各产业部门的构成及相互之间的联系、比例关系不尽相同，对经济增长的贡献大小也不同。因此，把包括产业的构成、各产业之间的相互关系在内的结构特征概括为产业结构。

　　根据社会生产活动历史发展的顺序对产业结构进行划分，产品直接取自自然界的部门称为第一产业，对初级产品进行再加工的部门称为第二产业，为生产和消费提供各种服务的部门称为第三产业。这种分类方法是世界上较为通用的产业结构分类方法。

　　第一产业是农业（包括种植业、林业、牧业和渔业），第二产业是工业（包括采掘业，制造业，电力、煤气、水的生产和供应业）和建筑业，第三产业是除第一、第二产业以外的其他各业。

　　从能源消耗行业特点看，工业是能源消耗的绝对主体，自1995

年以后一直占能源总消耗量的 70%以上，远高于其他行业大类。我国落实了节约资源和保护环境的基本国策，使能源消耗的增速有所缓解，但是仍然难以摆脱高投入、高消耗的粗放型经济发展方式。2010 年，我国为世界 GDP 创造的 9.27%的贡献是以占全球 10.6%的石油、48.2%的煤炭、56.2%的水泥、43.4%的钢材等大量能源消耗作为代价的，以电解铝、工业硅、普通钢为代表的低附加值高能耗产业已由欧美国家向我国转移，我国成为世界的大加工厂。这种粗放型的经济发展方式，与我国长期以来片面追求高增长、忽视高质量的经济发展目标有关，更与我国产业结构调整的方向和调整的质量有密切关系。

112. 调整产业结构，防治大气污染

加快调整产业结构是大气污染的治本之策。一要大力改造提升传统产业。按照先易后难、分步实施的原则，坚定有序地淘汰钢铁、建材等行业的落后产能，大幅度压减煤炭用量和过剩产能，制定完善整合重组方案，实行最严格的能耗和排放标准。二要培育壮大战略性新兴产业。加快新能源开发及应用示范、信息产业升级、生物产业创新发展等战略性新兴产业发展步伐，扶持空气

监测净化等节能环保技术产品的开发利用，推进新能源汽车发展和动力电池产业化建设。三要调整生产力布局。按照主体功能区划要求，合理确定重点产业发展布局、结构和规模，将煤炭减量替代作为新上耗煤项目的前置条件，严格控制生态脆弱或环境敏感地区建设高耗能、高污染工业项目。四要加快发展节能环保产业。加快构建以政府为引领、市场为导向、企业为主体、产学研相结合的技术创新体系，设立大气污染治理科研专项，加快大气污染控制环保技术的开发利用，依靠科技带动产业结构优化升级。

113. 加强机动车尾气排放控制

国内一些区域出现雾霾现象，使能见度明显下降，研究表明这与机动车排放的氮氧化物和碳氢化合物存在明显的关系。机动车排放已成为部分大中城市大气污染的主要来源，机动车尾气排放控制是一项庞大而复杂的系统工程，只有抓住每一个影响机动车污染排放的环节，才能使机动车污染排放得到有效控制。

改进燃料品质　燃料的品质与机动车发动机的燃烧过程和燃烧效果有着直接的关系，改进燃料品质是控制机动车尾气污染相当重要的环节之一。

严格执行废气排放的国家标准和地方标准与法规 通过法规和标准来约束机动车生产厂家和维修厂家，以此来推动机动车尾气控制水平，将会使机动车尾气排放的污染快速减少。

推行代用燃料 用清洁能源代替汽油、柴油，可显著减少机动车污染物的排放，是控制机动车尾气排放的措施之一。

加强对在用车的检查和维护 有针对性地对机动车故障的相关部位认真地进行检查维护工作，使机动车恢复正常的工作状态，可有效减少和消除因为故障或参数变化而造成的排放超标。

优先发展公共交通 发展公共交通，减少市区，特别是市中心的车流量，是减少机动车污染物排放、改善城市大气环境质量的有效措施。

淘汰黄标车 机动车尾气污染物排放呈现"二八理论"，根据长期检测和科学统计，城市机动车污染物中的80%是由20%的高污染车辆（俗称"黄标车"）排放的，因而，通过加强尾气检测，识别高污染车，并进行重点治理是控制机动车排气污染的重要措施之一。

广泛宣传、提高驾驶员的环保意识 如果每个驾驶员都有着保护环境的意识，都懂得怎样去驾驶机动车可以减少排放污染，我们的环境将会有较大的改观。

114. 烟花爆竹燃放的污染防治措施

为减少烟花爆竹燃放对环境的影响，可以采取以下措施：

制定相关环境保护标准 国内外对烟花爆竹产品的技术要求侧重于安全，对环保方面的要求几乎没有。应制定烟花爆竹燃放中的最大粉尘浓度标准、最大有害气体浓度标准等，确保烟花爆竹燃放后对大气环境影响较小。同时控制烟花质量，杜绝假冒劣质烟花爆竹给人们带来人身伤害和对环境造成危害。

加强烟花爆竹监管 划定一定的安全公共场所，限制销售和燃放时间，控制燃放烟花爆竹的数量。

提高居民环保意识 加强舆论宣传，提高居民环保意识，引导和鼓励公众少放或者不放烟花爆竹。

115. 加强农作物秸秆综合利用和禁烧的措施

露天焚烧秸秆是违反《大气污染防治法》的违法行为。为防治秸秆焚烧产生的大气污染问题，各级政府部门已逐步加强农作物秸秆综合利用和禁烧管理。

　　首先，制定完善秸秆禁烧的法规，围绕城市周边、机场周边、高速公路和铁路沿线、旅游景区等，划定秸秆综合利用和禁烧重点区域，明确相应的处罚措施，将禁烧与项目审批、大气污染物总量减排考核、农村生态创建、农村环保目标责任制考核挂钩，推动地方政府不断提高秸秆综合利用和禁烧工作力度。

　　其次，采取"疏堵结合"、"以用促禁"的方式，加快构建政府主导、企业为主、农民参与的秸秆综合利用工作格局。健全激励和约束机制，明确政府主要领导是第一责任人、对本行政区域秸秆综合利用负总责的工作要求，建立秸秆综合利用和禁烧目标责任制，并分解落实到相关部门，形成倒逼机制。

　　再次，发挥新闻媒体对秸秆综合利用和禁烧的舆论引导及监督作用，大力宣传秸秆综合利用对于资源节约、保障粮食安全、农业可持续发展的重要意义，以及随意丢弃和焚烧秸秆对环境、交通安全和人体健康的严重危害，努力在全社会营造"焚烧秸秆害人害己，综合利用利国利民"的浓厚舆论氛围。开展秸秆综合利用对经济、社会发展和生态文明建设重要性的科普教育，使广大农户家喻户晓，意识到秸秆综合利用和禁烧不是一家一户的小事情。引导教育农民群众转变观念，积极参与秸秆综合利用和禁烧工作。

第四，充分利用现有秸秆综合利用财政、税收、价格优惠激励政策，加大对农作物收获及秸秆还田收集一体化农机的补贴力度，提高还田和收集率，扩大秸秆养畜、保护性耕作、秸秆代木、能源化利用等秸秆综合利用支持规模；研究秸秆收储运体系建设激励措施；探索秸秆综合利用重点区域支持政策；研究建立秸秆还田或打捆收集补助机制，深入推动秸秆还田、养畜、秸秆代木、食用菌生产、秸秆固化成型、秸秆炭化等不同途径利用。加强秸秆综合利用能力建设，探索形成适合当地秸秆资源化利用的管理模式和技术路线，提高秸秆综合利用率，推动秸秆综合利用规模化、产业化发展。

第五，强化基层环保部门禁烧监管执法能力建设，开发建设基于卫星应用平台的禁烧监管信息系统，进一步加强秸秆禁烧监管。

116. 城市规划绿地、风道对治理大气污染的意义

城镇的各类绿地，以其巨大的叶面积、浓密的枝干，阻滞、过滤、吸附空中的灰尘、飘尘，同时还能起到滞留、分散、吸收空气中各种有毒气体的作用，从而可使空气得到净化。树林是净

化大气的特殊"过滤器"，城镇中栽植各种绿色植物，对净化空气有十分重要的作用。

城市规划绿地能够利用山体林地、河谷水道、湿地、绿地等自然条件，形成开敞空间和城市"穿堂风"，改善大气扩散条件；而城市风道也叫城市通风廊道，就是在城市建设生态绿色走廊，在城市局部区域打开一个通风口，让郊区的风吹向主城区，增加城市的空气流动性，改善城市的大气扩散条件，对城市的雾霾起到一定的缓解作用。

117. 发展新能源汽车

发展新能源汽车对整个汽车行业，乃至对于坚持走新型工业化道路，建设资源节约型、环境友好型社会都具有重大意义。

有利于提高经济效益　以新能源汽车中的纯电动汽车为例，纯电动汽车省去了油箱、发动机、变速器、冷却系统和排气系统，相比传统汽车的内燃汽油发动机动力系统，电动机和控制器的成本更低，且纯电动车能量转换效率更高。而且，电动汽车可以充分利用晚间用电低谷时富余的电力充电，使发电设备日夜都能充分利用，大大提高了其经济效益。

有利于建设生态环保城市　目前，全国各城市的机动车保有量都较大，机动车尾气排放成为各城市大气污染负荷的主要来源之一。新能源汽车的推广，有利于节能减排，建设城市宜居环境。

有利于优化能源消费结构　新能源汽车与传统汽车相比，可以节省燃油，有利于减少对传统能源的依赖，实现资源的节约和综合利用。

因此，新能源汽车的推广应用具有提高经济效益、节约能源和减少污染物排放等优点，新能源汽车的研究和应用已成为汽车工业的一个"热点"。从长期来看，包括纯电动、燃料电池技术在内的纯电驱动将是新能源汽车的主要技术方向；在短期内，油电混合、插电式混合动力将是重要的过渡路线。

118. 大气污染治理需要区域联防联控

当前，大气污染已经越来越呈现出区域性污染和复合性污染的特征，并呈蔓延加重趋势。区域的地理位置决定了其面临的环境问题大致相同，跨区域交叉污染比较严重。在特定的地理和气象条件下，大气污染物排放在一定的空间尺度上扩散和累积，使得一定区域的大气污染问题与污染特征趋同，尤其是大气污染物季节性特征较为明显。

由于我国正经历城镇化的高速发展阶段，城市越来越大，卫星城越来越多，并形成了城市群。每一个城市都是一个污染源，污染物在城市间自由流动、跨界输送，形成区域性的雾霾，而各个区域的雾霾还呈现出渐渐融合的趋势。

细颗粒物和臭氧都是区域性污染物。要有效控制这些污染物，不能仅靠某个城市单独作战，必须建立统一规划、统一监测、统一监管、统一评估、统一协调的大气污染联防联控工作机制，只有这样才能有效控制大气污染。

119. 加大环保投入，防治大气污染

国务院《大气污染防治行动计划》提出了大气污染防治奋斗目标，并确定了十项具体措施。根据科学论证及评估，大气污染防治行动计划共需投入 17 500 亿元，将通过以下 5 个渠道筹集：按照 "谁污染谁负责" 的原则，由企业承担；积极引入社会资本和民间资本进入大气污染防治领域；通过价格杠杆疏导部分治理成本；地方政府加大民生领域 "煤改气"、黄标车和老旧车辆淘汰等的政策支持力度；中央财政设立专项资金，通过 "以奖代补"

加大对重点区域大气污染防治的支持力度。

2013 年，中央财政整合有关专项设立大气污染防治资金，共安排 50 亿元用于京津冀蒙晋鲁六省份的大气污染治理工作。北京市环保局宣布将动员全社会之力防治大气污染，预计在未来 5 年，政府部门将为治理大气污染投入 2 000 亿～3 000 亿元，全社会投资将接近 1 万亿元。在其他省市可以公开查到的资料中，河北省大气污染治理第一期即 5 年的投入预计要达到 5 000 亿元。山东省加大资金筹措力度，2013 年累计投入大气污染治理相关资金 53 亿元，从加大淘汰落后产能和节能改造力度，完善淘汰落后产能奖励政策，改善能源供给结构、加快重点行业脱硫脱硝除尘改造，推动机动车污染防治，支持重点城市燃煤锅炉改造以及支持大气环境治理监测系统建设六个方面加大了大气污染的治理力度。

120. 目前我国大气污染防治的法律法规

《中华人民共和国大气污染防治法》是我国大气污防治领域的最重要的法律，于 1987 年 9 月 5 日由第六届全国人民代表大会常务委员会第二十二次会议审议通过，1995 年 8 月 29 日第八届全国人民代表大会常务委员会第十五次会议对这部法律作了修改，时隔 5 年，2000 年 4 月 29 日第九届全国人民代表大会常务委员会第十五次会议又作出了修订。由于当前雾霾天气频发、大气污染严重，《中华人民共和国大气污染防治法》的修订已被全国人大常委会列入 2014 年立法计划项目。从制定《中华人民共和国大气污染防治法》到连续多次的修改，说明国家非常重视法律手段在防治大气污染中的作用，也说明基于大气污染的严峻现实需要进一步强化对大气环境污染的预防和治理。

　　我国地方性的大气污染防治法规主要有《北京市大气污染防治条例》、《陕西省大气污染防治条例》、《天津市大气污染防治条例》、《湖北省大气污染防治条例》、《浙江省大气污染防治条例》等。

121. 国务院《大气污染防治行动计划》

　　2013 年 9 月 10 日，国务院颁布了《大气污染防治行动计划》（俗称"大气十条"、"国十条"）。其主要内容为：

　　第一，减少污染物排放。全面整治燃煤小锅炉，加快重点行业脱硫脱硝除尘改造。整治城市扬尘。提升燃油品质，限期淘汰黄标车。

　　第二，严控高耗能、高污染行业新增产能，提前一年完成钢铁、水泥、电解铝、平板玻璃等重点行业"十二五"落后产能淘汰任务。

第三，大力推行清洁生产，重点行业主要大气污染物排放强度到 2017 年年底下降 30%以上。大力发展公共交通。

第四，加快调整能源结构，加大天然气、煤制甲烷等清洁能源供应。

第五，强化节能环保指标约束，对未通过能评、环评的项目，不得批准开工建设，不得提供土地，不得提供贷款支持，不得供电供水。

第六，推行激励与约束并举的节能减排新机制，加大排污费征收力度。加大对大气污染防治的信贷支持。加强国际合作，大力培育环保、新能源产业。

第七，用法律、标准"倒逼"产业转型升级。制定、修订重点行业排放标准，建议修订大气污染防治法等法律。强制公开重污染行业企业环境信息。公布重点城市空气质量排名。加大违法行为处罚力度。

第八，建立环渤海包括京津冀、长三角、珠三角等区域联防联控机制，加强人口密集地区和重点大城市细颗粒物（$PM_{2.5}$）治理，构建对各省（区、市）的大气环境整治目标责任考核体系。

第九，将重污染天气纳入地方政府突发事件应急管理，根据污染等级及时采取重污染企业限产限排、机动车限行等措施。

第十，树立全社会"同呼吸、共奋斗"的行为准则，地方政府对当地空气质量负总责，落实企业治污主体责任，国务院有关部门协调联动，倡导节约、绿色消费方式和生活习惯，动员全民参与环境保护和监督。

大气污染防治既是重大民生问题，也是经济升级的重要抓手。我国日益突出的区域性复合型大气污染问题是长期积累形成的。治理好大气污染是一项复杂的系统工程，需要付出长期艰苦不懈的努力。当前必须突出重点、分类指导、多管齐下、科学施策，把调整优化结构、强化创新驱动和保护环境生态结合起来，用硬措施完成硬任务，确保防治工作早见成效，促进改善民生，培育新的经济增长点。

122. 我国大气污染防治的奋斗目标

国务院《大气污染防治行动计划》提出了我国大气污染防治的奋斗目标和具体指标。

奋斗目标　经过 5 年努力，全国空气质量总体改善，重污染天气较大幅度减少；京津冀、长三角、珠三角等区域空气质量明显好转。力争再用 5 年或更长时间,逐步消除重污染天气,全国空气质量明显改善。

具体指标 到2017年,全国地级及以上城市可吸入颗粒物浓度比2012年下降10%以上,优良天数逐年提高;京津冀、长三角、珠三角等区域细颗粒物浓度分别下降25%、20%、15%左右。其中要求安徽省完成的目标为:到2017年,空气质量有所改善,全省重污染天气较大幅度减少,优良天数逐年提高;可吸入颗粒物浓度比2012年下降10%以上。

123. 我国现阶段治理大气污染的重点

现阶段我国大气污染防治的重点是"控煤、治车、降尘"。

控煤 我国能源综合利用率约为33%,比发达国家低10个百分点;单位产值能耗是世界平均水平的 2 倍多,主要产品单位能耗比国外先进水平高近40%。传统的以煤炭为主的一次能源结构,决定了能源生产和消费中排放大量废气、废水、固体废物等污染物,造成环境质量急剧恶化。因此,控制煤炭的燃烧与消费,转变经济增长方式,生产方式由高碳向低碳转变,实现对自然资源的高效利用与平衡,是遏制大气污染的关键因素。

治车　近几年来，我国汽车生产连续每年达 1 300 多万辆，汽车保有量每年以两位数增长；汽车因排放大量污染而成为城市大气污染的主要祸首，几乎我国每个城市都处在机动车拥堵和排放污染的困扰之中。因此，治理汽车排气污染、淘汰黄标车、鼓励使用清洁能源汽车和电动车、个别特大城市实行限制汽车措施，是改善城市空气质量的保障措施。

降尘　改革开放 30 多年来，全国就像一个大工地，城市不断扩大、开发区从无到有、道路延伸。建筑扬尘、道路扬尘、建筑材料堆场扬尘、裸露地面扬尘等，加上农业秸秆焚烧、生活油烟排放、烟花爆竹燃放，成为形成雾霾的元凶。因此，治理烟粉尘污染、降低扬尘颗粒物，是治理雾霾、改善大气环境质量的重要保证。

124. 大气污染防治的具体措施

2013 年 9 月 10 日，国务院《大气污染防治行动计划》提出目前我国大气污染防治工作的六大具体措施是：①严格依法开展环境执法监管，从严惩处环境违法行为；②加大大气污染防治资金投入，保障各项防治措施落实到位；③强化地方政府责任，对考核未通过的地区，进行通报批评，并会同组织、监察部门对该地区负责人进行约谈、诫勉谈话；④强化部门协调配合，建立并完善区域大气污染联防联控机制；⑤充分发挥市场机制作用，调动地方政府、企业积极性；⑥加大大气环境质量信息公开力度，动员全社会共同参与大气污染防治。

《安徽省大气污染防治行动计划实施方案》采取了 27 项具体措施应对大气污染，共涉及 5 个方面：①加强工业大气污染治理，包括提升脱硫脱硝效率，严控颗粒物排放，治理挥发性有机物污染，持续推行清洁生产；②强化城市大气污染防治，包括全面整治燃煤小锅炉，强化城市扬尘治理，加强餐饮油烟治理，建设高污染燃料禁燃区，加强城市生态建设；③推动机动车污染防治，包括发展公共交通，提升燃油品质，严格机动车环保管理，加强机动车污染治理，推广应用新能源汽车；④加快产业结构调整，包括优化产业布局，建设生态工业示范园区，严控"两高"行业产能，加快淘汰落后产能，严把节能环保准入关，发展循环经济，加快发展节能环保产业；⑤调整优化能源结构，包括加快发展清洁能源，优化能源消费结构，加快煤炭使用管理，提高能源使用效率，加快废弃物综合利用，发展绿色建筑。

125. 大气污染防治效果的考核体系

国务院与各省（区、市）人民政府签订大气污染防治目标责任书，将目标任务分解落实到地方人民政府和企业。将重点区域的细颗粒物指标、非重点地区的可吸入颗粒物指标作为经济社会发展的约束性指标，构建以环境质量改善为核心的目标责任考核体系。

国务院制定考核办法，每年初对各省（区、市）上年度治理任务完成情况进行考核；2015 年进行中期评估，并依据评估情况调整治理任务；2017 年对行动计划实施情况进行终期考核。考核和评估结果经国务院同意后，向社会公布，并交由干部主管部门，按照《关于建立促进科学发展的党政领导班子和领导干部考核评价机制的意见》、《地方党政领导班子和领导干部综合考核评价办法（试行）》、《关于开展政府绩效管理试点工作的意见》等规定，作为对领导班子和领导干部综合考核评价的重要依据。

具体到安徽省，按照国务院授权环境保护部与安徽省人民政府签订的大气污染防治目标责任书要求，层层签订责任书，把目标任务分解落实到地方各级人民政府、各有关部门和企业，构建纵向到底、横向到边的责任考核体系。考核时段分为年度评估考核及终期评估考核。考核内容分为两类：一类是环境空气质量改善绩效指标，主要考核各市可吸入颗粒物（PM$_{10}$）年均浓度下降情况；另一类是大气综合整治工作指标，主要考核年度实施计划编制与台账管理、燃煤小锅炉整治、大气污染物总量减排、工业大气污染治理等 11 项指标。年度考核评分实行空气质量改善绩效与大气综合整治工作双百分制。终期评估考核将目标责任书确定的空气质量改善目标完成情况作为唯一判别标准。将考核结果作为对各地领导班子和领导干部综合考核评价和省财政大气污染防治专项资金安排的重要依据。

126. 重污染天气应对机制

环保部门与气象部门合作，建立重污染天气监测预警体系，及时发布监测预警信息。制订和完善重污染天气应急预案并向社会公布，将重污染天气应急响应纳入地方人民政府突发事件应急管理体系，实行政府主要负责人负责制。依据重污染天气的预警等级，迅速启动应急预案，引导公众做好卫生防护。

《安徽省重污染天气应急预案》规定，安徽省重污染天气预警分为Ⅳ级（蓝色）预警、Ⅲ级（黄色）预警、Ⅱ级（橙色）预警、Ⅰ级（红色）预警，相应地分别启动Ⅳ级响应、Ⅲ级响应、Ⅱ级响应、Ⅰ级响应，Ⅰ级为最高等级。预警发布后，省直各有关部门按各自职责督促落实响应措施，各相关设区的市政府具体负责应对。

Ⅳ级响应时，主要对儿童、老年人、学生等发布健康提醒措施，提出减少机动车行驶、加强施工工地扬尘管理、增强道路清扫冲洗等建议性措施。

Ⅲ级响应时，在Ⅳ级响应的基础上，增加对户外活动、作业人员防护的提醒，增加封闭高速公路的建议措施，提出对燃煤锅炉、施工场地、机动车排放、工业企业等重点大气污染源加大执法检查力度，减少石化、化工、冶金、建材、电力等重点排污单位的生产负荷，严控渣土运输作业等。

Ⅱ级响应时，在Ⅲ级响应的基础上，健康防护措施和建议性污染减排措施更严，对燃煤锅炉、施工场地、机动车排放、工业企业等重点大气污染源不能达标排放的一律关停，进一步减少石化、化工、冶金、建材、电力等重点排污单位生产负荷，停止渣土运输作业，禁止"黄标车"通行，禁止露天烧烤、燃放烟花爆竹、焚烧废弃物，视情况封闭高速公路等。

Ⅰ级响应时，在Ⅱ级响应的基础上，健康防护措施和建议性污染减排措施最严，增加严控排污单位污染工序生产，对非重点、非连续性生产的排污单位采取阶段性停产措施，在城市人口密集区实行交通管制等强制性措施。

127. 防治大气污染，政府在做什么？

出台行动方案 国务院颁布实施《大气污染防治行动计划》，具体到安徽省，制定并颁布了《安徽省大气污染防治行动计划实施方案》，各市政府陆续出台了《大气污染防治实施细则》，各个区、县政府制定了《大气污染防治工作落实要求》。

成立职能部门协调机制 安徽省建立了大气污染防治联席会议制度，定期研究决策全省大气污染防治重大工作。各个市政府也相应成立了职能部门的联席会议制度。加强指导、协调和监督，制定有利于大气污染防治的投资、财政、税收、金融、价格、贸易、科技等政策，依法做好各自领域的大气污染防治工作。

落实目标责任体制 自 2013 年 10 月以来，国务院将目标任务责任分解到各省、各省又将目标任务层层分解到市、区、县政府，以及有关部门和企业，并层层签订责任状，落实大气污染防治行动计划目标任务。

建立污染源清单制度 2014 年，安徽省政府与各市政府、区

（县）政府一起，建立了安徽省大气污染源清单制度、污染源台账三级管理制度，科学规范地开展大气污染防治工作。

建立大气污染监测预警机制　到 2015 年，地级及以上城市全部建成细颗粒物监测点和国家直管的监测点。安徽省政府建立了大气污染监测预警应急体系，妥善应对重污染天气。全省各市政府也相应建立了自己的大气污染监测预警机制。相关部门制订了预警响应方案与预案。将重污染天气应急响应纳入了地方人民政府突发事件应急管理体系，实行政府主要负责人负责制。

实行环境信息公开　将空气质量改善的年度目标任务向社会公开，主动接受社会监督，及时发布城市空气质量状况，公布地级及以上城市空气质量排名；建立重污染行业企业环境信息强制公开制度。

128. 大气污染防治的主要政府职能部门

我国《大气污染防治法》规定县级以上人民政府环境保护行政主管部门对大气污染防治实施统一监督管理。国务院《大气污染防治行动计划》要求有关部门根据各自职责对大气污染防治实施监督管理。发展改革行政主管部门负责经济发展方式转变和能源结构调整等方面工作；经济信息化行政主管部门负责产业结构调整和工业污染控制等方面工作；公安、交通等行政主管部门根据各自职责，对机动车污染大气实施监督管理；住房和城乡建设、市政市容、城管执法等行政主管部门根据各自职责，对扬尘污染大气实施监督管理；规划、水务、农业、国土、园林绿化、质量技术监督、工商等行政主管部门根据各自职责，对大气污染防治实施监督管理；市和区、县环境保护行政主管部门可根据需要聘请监督员，发现、告知、劝阻大气污染防治违法行为。

129. 防治大气污染，企业应该怎么做？

国务院《大气污染防治行动计划》强化企业施治，明确企业是大气污染治理的责任主体，企业要按照环保规范要求，加强内部管理，增加资金投入，采用先进的生产工艺和治理技术，确保达标排放，甚至达到"零排放"；同时要求企业自觉履行保护环境的社会责任，接受社会监督。

全面推行清洁生产。钢铁、水泥、化工、石化、有色金属冶炼等重点行业要积极配合进行清洁生产审核，针对节能减排关键领域和薄弱环节，采用先进适用的技术、工艺和装备，实施清洁生产技术改造。

大力发展循环经济。按照统一规划主动配合实施园区循环化改造，推进能源梯级利用、水资源循环利用、废物交换利用、土地节约集约利用，促进企业循环式生产、园区循环式发展、产业循环式组合，构建循环型工业体系。水泥、钢铁等工业窑炉、高炉实施废物协同处置。大力发展机电产品再制造，推进资源再生利用产业发展。

全面整治燃煤小锅炉。积极配合加快推进集中供热、"煤改气"、"煤改电"工程建设，在化工、造纸、印染、制革、制药等产业集聚区的企业，要积极配合实现集中供热供电改造。

所有燃煤电厂、钢铁企业的烧结机和球团生产设备、石油炼制企业的催化裂化装置、有色金属冶炼企业都要安装脱硫设施，每小时 20 蒸吨及以上的燃煤锅炉要实施脱硫。除循环流化床锅炉以外的燃煤机组均应安装脱硝设施，新型干法水泥窑要实施低氮燃烧技术改造并安装脱硝设施。燃煤锅炉和工业窑炉现有除尘设施要实施升级改造。

在石化、有机化工、表面涂装、包装印刷等行业要主动实施挥发性有机物综合整治，石化行业要开展"泄漏检测与修复"技术改造。加油站、储油库、油罐车要做到油气回收治理，原油成品油码头要积极开展油气回收治理。

130. 防治大气污染，机关单位可以做什么？

机关单位能源消耗较大，应做到节能减排，减少大气污染负荷。提高机关干部职工的节能意识，在机关开辟专栏，对机关节能减排工作实行分项、分指标管理。

机关要加强能源消耗的分类管理、分项计量和挖潜降耗。全面分析机关的能耗情况，进行科学分析评估。加强技术改进，进一步完善节能设备改造，将节能降耗项目、目标、任务落实到单位及责任人，确保机关设备的节能降耗和安全运行。

机关要加强管理型节能降耗。节约办公用电，尽可能少开灯或不开灯，离开办公室要随手关灯，做到人走灯灭。计算机、打印机、复印机等电器设备不使用时要及时关机，下班前切断电源开关。合理设置空调温度，办公区域的夏季空调温度设置在 26℃以上，冬季空调温度设置在 20℃以下，做到无人时不开空调，开空调时不开门窗。

加强公务用车使用管理，科学合理地调度使用车辆，提高车辆使用效率。倡导机关工作人员出行最大限度地少开车或不开车，鼓励乘坐公共交通工具，倡导相近行程的职工拼车上下班。

131. 防治大气污染，学校可以做什么？

学校是一个传播文化的特定场所，是学生获得知识、价值观，以及行为养成的重要场所，承担着正规环境教育的基本功能。学生在学校中的生活约占每天生活的 1/3，校园环境对学生潜移默化的影响是显而易见的，因此通过校园的环境、生活和管理体系传递可持续发展思想尤显重要。

培养学生环境保护意识，在教学中渗透环境教育内容　学生可以通过了解校园环境问题的产生和改善，学习环境和社会的知识，理解人与环境的关系，参与校园环境的改善，提高环境素养。学生也可从不同学科对环境保护理念从深度和广度上去加强理解。

加强校园环境管理　学校是人口活动密集区，尤其是学校的室外活动区域，最容易把地面粉尘带入大气中，造成二次污染。学校室外公共活动空间要定期组织清扫、不留绿化死角。雨雪天气，在校园入口处安装除泥污装置，尽量不让学生用脚把校园外的泥污带进校园。

教育学生养成良好的生活习惯　不随地吐痰、不乱扔垃圾、节约用电用水，倡导学生少吃或不吃街边烧烤，教育学生远离增加大气污染负荷的玩具等。

以小手拉大手的方式让全社会共同参与大气污染防治　通过学生影响家人、亲友，引导他们从自身做起、从点滴做起、从身边的小事做起，在全社会树立起"同呼吸、共奋斗"的行为准则，共同改善空气质量。

132. 我是一名产业工人，防治大气污染，我该怎么做？

产业工人是经济发展的基本要素和重要力量，在加快产业转型升级、推动技术创新、提高企业竞争力等方面具有基础性、根本性作用。

在大气污染防治工作中，严控"两高"（高污染，高能耗）行业新增产能，加快淘汰落后产能，强化科技研发和推广，全面推行清洁生产，发展循环经济，产业工人是关键。

产业工人要严格执行国家环保法律法规，始终把环境意识贯穿于所有操作流程之中，严格按照技术规范，力求做到精益求精，通过现场管理最大限度地减少或杜绝跑冒滴漏，自觉监督企业的环保设施运转，为企业顺利实施节能减排把住第一道关。

133. 我是一位农民，防治大气污染，我该怎么做？

农村大气污染物种类多、产生量大、分布面广。农民应提高环境保护的意识，最大限度地改变那些增加大气污染负荷的生产生活习惯。

生产中做到 减少农药使用量，因为大多数农药都是以喷雾剂的形式喷洒在农作物的叶面上的，只有很小一部分依附于农作物上，大部分农药微粒散发到空气中，并随风飘移；减少耕地沙尘，选择耕地墒情较好时进行翻耕，在干旱地区或土地墒情较差地区，人工干预耕地土壤墒情后，再进行翻耕，以减少耕地沙尘进入大气中；加强农机使用管理，提高农用机械燃料燃烧率；避免农用机械使用过程中产生的残留燃料及其他业态物质任意散落，要及时进行收集并集中处理；避免燃烧农作物秸秆，因地制宜地处理农作物秸秆，将其作为制作沼气的原料、作为工业原料出售、作为饲料或无害化综合利用；对畜禽养殖粪便进行集中无害化、资源化处理，避免家畜家禽粪便露天存放或晾晒；家庭式农产品加工作坊，在加工过程中，要咨询环保专家或环保技术人员，科学使用各类工业添加剂。

生活中做到 做饭、取暖方面，因地制宜最大限度地利用太阳能、沼气等清洁燃料，有条件的农村人口集中区，在政府指导下，采取小集中供暖方式或利用生物造气方式作为生活燃料，最大限度地减少煤炭使用量。燃煤灰渣不随处倾倒或随意散落，避免粉尘被风带入大气中，做到燃煤灰渣集中处理或综合利用。

134. 我是一位市民，防治大气污染，我该怎么做？

作为市民，可以从个人行为和消费理念上为大气污染防治作出贡献。

个人行为方面 提高自身修养，以文明市民的标准要求自己，树立公德意识。不随地吐痰、不践踏绿地、不乱扔乱倒废弃物。宠物户外活动期间，做到及时处理宠物粪便，不让其散落于地面，以避免粪便风干后的微粒被带入大气中。少放或不放烟花爆竹，禁烟控烟。

消费理念方面 做到绿色出行，尽量乘坐公共交通工具，少开车；节约用水用电；家庭房屋装修、改造时，采取隔离措施，避免把扬尘带入大气中；逐步改变饮食习惯，最大限度地减少因烹炒产生的油烟数量；垃圾分类，做到循环利用。

135. 我是一名公司白领，防治大气污染，我该怎么做？

在中国，年人均二氧化碳排放量在 2.7 吨左右，但一个城市白领即便只有 40 米^2 的居住面积，开排量 1.6 升的汽车上下班，一年乘飞机 12 次，碳排放量也大约在 2 611 吨。因此，城市公司白领防治大气污染能做到的比普通人要多得多。

出行方面　上下班尽量少开车，或者开低排量车；如果在出差目的地滞留时间不长，乘坐飞机时应尽量少带物品，比如带 1 千克水果乘坐飞机，飞机增加燃料的价值往往是水果本身价值的数十倍，多出的燃料燃烧就会相应增加废弃物向大气中的排放。

工作方面　养成低碳习惯，坚持从点滴小事做起。坚持使用双面打印纸，尽量不用一次性纸杯，控制好空调的温度，人走关灯，关掉不用的电脑程序、减少硬盘工作量，既省电又能保护电脑，电脑待机关闭电源等。

生活方面　注重低碳理念。少买不必要的衣服，服装在生产、加工和运输过程中，要消耗大量的能源，同时产生废气、废水等污染物。在保证生活需要的前提下，每人每年少买一件不必要的衣服可节能约 2.5 千克标准煤。

136. 个人或组织如何举报企业违规排放？

2013 年 9 月 10 日，国务院下发的《大气污染防治行动计划》规定，各级环保部门和企业要主动公开新建项目环境影响评价、企业污染物排放、治污设施运行情况等环境信息，接受社会监督。涉及群众利益的建设项目，应充分听取公众意见。

个人或组织举报企业违规排污有多种途径：一是电话举报。个人或组织可以通过 12369 环保热线举报企业违法排污行为，投诉举报人要说明被投诉企业的地址、名称、污染情况，以便于环境执法部门及时查处、解决问题；二是书面举报。举报人以书面形式向环保部门举报企业违法违规排放行为；三是网络举报。举报人通过当地环保部门的政府官方网站，在网站上留言，举报违法排污企业。

安徽省环保厅自 2013 年开始实行环境违法行为有奖举报制度。举报人可采用电话、信函、网络、来访等多种方式对环境违法行为进行举报。有奖举报的范围包括：超标排放污染物的；不正常使用污染物处理设施，或擅自拆除、停运、闲置污染物处理设施的；新建、改建、扩建项目未依法执行环境影响评价制度或未依法执行环保"三同时"制度，擅自投入生产或使用的；设置暗管或利用渗井（旱井）、渗坑（坑塘）、裂隙和溶洞及其他隐蔽方式偷排废水的；污染源自动监控设施不正常运行或弄虚作假的；被责令关停，未完成停产治理任务，擅自恢复生产的；非法转移、收集、贮存、处置危险废物的；在集中式饮用水水源地一、二级保护区内违法建设或排放污染物的；其他环境违法行为。举报情况经调查属实的，给予 300～3 000 元的奖励；对及时举报重大环境违法行为的，可适当提高奖金数额。

第六篇　别忘了我们的健康防护

137. 大气污染物对健康的危害

大气污染会直接或间接地影响人体健康，引起感官和生理机能的不适反应，产生亚临床和病理的改变，出现临床体征或存在潜在的遗传效应，发生急性、慢性中毒或死亡等。

成人每天呼吸 $10\sim12$ 米^3 的空气，大气中的有害化学物质一般是通过呼吸道进入人体的，也有少数的有害化学物质经消化道或皮肤进入人体。大气污染对健康的影响，取决于大气中有害物质的种类、性质、浓度和持续时间，也取决于人体的敏感性。例如大气中颗粒物对人体的危害作用就取决于颗粒物的粒径、硬度、溶解度和化学成分以及吸附在尘粒表面的各种有害气体和微生物等。有害气体在化学性质、毒性和水溶性等方面的差异，也会造成危害程度的差异。另外，呼吸道各部分的结构不同，对毒物的阻留和吸收也不尽相同。一般地说，进入越深，面积越大，停留时间越长、吸收量也越大。成年人肺泡总面积为 $55\sim70$ 米^2，而且布满毛细血管。毒物能很快被肺泡吸收并由血液送至全身，不经过肝脏的转化就起作用，所以毒物由呼吸道进入机体的危害最大。

　　大气中化学污染物的浓度一般比较低，对人体主要产生慢性中毒作用。但在某些特殊条件下，如工厂发生事故，使大量污染物骤然排出，或气象条件突然改变（如出现无风、逆温、浓雾天气），或地理位置特殊（如地处山谷、盆地等），使大气中有害物质不易扩散，这时有害物质的浓度会急剧增加，引起人群急性中毒，尤其对患有呼吸道慢性疾病和心脏病的人会使病情加重甚至死亡，如某些公害事件就是典型事例。

　　直接刺激呼吸道的有害化学物质（如二氧化硫、硫酸雾、氯气、臭氧、烟尘）被人体吸入后，会引起支气管反射性收缩、痉挛、咳嗽、喷嚏和气道阻力增加。在毒物的慢性作用下，呼吸道的抵抗力会逐渐减弱，诱发慢性呼吸道疾病，严重的还可引起肺水肿和肺心性疾病。据流行病学调查资料显示，城市大气污染是慢性支气管炎、肺气肿和支气管哮喘等疾病的直接原因或诱因。大气污染严重的地区，呼吸道疾病总死亡率和发病率都高于轻污染区。慢性支气管炎症状随大气污染程度的增高而加重。

　　大气中的无刺激性有害气体，由于不能为人体感官所觉察，其危害比刺激性气体还要大。如一氧化碳通过呼吸道进入血液，可形成碳氧血红蛋白，造成低血氧症，致使人体组织缺氧，影响中枢神经系统和酶的活动，出现头晕、头痛、恶心、乏力等症状，严重时甚至会昏迷致死。

在城市，特别是某些工厂附近的大气中，还含有潜在危害的化学物质，如镉、铍、锑、铅、镍、锰、汞、砷、氟化物、石棉、有机氯杀虫剂等。它们虽然浓度很低，但可在体内逐渐蓄积。大气中的这些有毒污染物，还可降落在农作物上、水体和土壤中，然后被农作物吸收并富集于蔬菜、瓜果和粮食中，通过食物和饮水在人体内蓄积，造成慢性中毒。这些物质对机体的危害，在短期内并不明显，经过长期蓄积，会影响神经系统、内脏功能和生殖、遗传等。

大气中某些有害化学物质还具有致癌作用。它们大部分是有机物，如多环芳烃及其衍生物，小部分是无机物，如砷、镍、铍、铬等。在大气污染严重的城市的烟尘和汽车废气中，可检出 30 多种多环芳烃组分，其中苯并芘的存在比较普遍，其致癌性也最强。20 世纪 50 年代以来，各国城市居民的肺癌发病率和死亡率都在逐渐增高，而且显著高于农村。

大气中对人体健康危害较大的另外一类污染物是放射性物质，其主要来自核爆炸产物。一些微小的放射性灰尘能悬浮在大气中很多年。放射性矿物的开采和加工、放射性物质的生产和应用，也能造成对空气污染。污染大气起主要作用的是半衰期较长的放射性元素，如铀的裂变产物，其中重要的是锶-90 和铯-137。放射性元素在体外，对机体有外照射作用；通过呼吸道进入机体，则有内照射作用。放射性物质在肺中的浓度，通常比在其他器官中大，因而肺组织一般受到较强的照射。肺部的巨噬细胞，在吞噬了放射性微粒后，可形成电离密度相当高的放射源。进入肺中的放射性物质能十分迅速地散布到全身。除核爆炸地区外，大气中的放射性物质一般不会造成急性放射病，但长时间超过允许范围的小剂量外照射或内照射，也能引起慢性放射病或皮肤慢性损伤。大气中放射性物质对人体更重要的影响是远期效应，包括引起癌变、不育和遗传的变化或早死等。

大气中的生物性污染物是一种空气变应原，主要有花粉和一些真菌孢子。这些由空气传播的物质，能引起易感人群的过敏反应。空气中变应原可诱发鼻炎、气喘、过敏性肺部病变。另一种是病原微生物。抵抗力较弱的病原微生物在日光照射、干燥的条件下，很容易死亡，一般空气中，数量很少。抵抗力较强的病原微生物，如结核杆菌、炭疽杆菌、化脓性球菌等，能附着在尘粒上污染大气。

138. $PM_{2.5}$ 与 PM_{10} 对健康的危害不同

通常来说，粒径在 10 微米以上的颗粒物可被鼻毛吸留；粒径为 2.5～10 微米的颗粒物能够进入上呼吸道，但部分可通过咳嗽、痰液等方式排出体外，对人体健康危害相对较小。粒径在 2.5 微米以下的细颗粒物（$PM_{2.5}$）不易被阻挡，进入肺泡后可迅速被吸收、不经过肝脏解毒直接进入血液循环分布到全身，而不溶性部分则沉积在肺部，诱发或加重呼吸系统疾病；$PM_{2.5}$ 能够刺激肺内迷走神经，造成神经功能紊乱从而波及心脏，并可直接到达心脏，诱发心肌梗死；$PM_{2.5}$ 可引起血液系统毒性，刺激血栓的形成，是心血管意外的潜在隐患，还可造成凝血异常、血黏度增高，导致心血管疾病发生；此外，$PM_{2.5}$ 附着很多重金属及多环芳烃等有毒物，这些有毒物可以穿过胎盘，直接影响胎儿，易导致胎儿发育迟缓。

139. 光化学烟雾对人体的危害

光化学烟雾明显的危害是对人眼睛的刺激作用。在美国加利福尼亚州，由于光化学烟雾的作用，曾使该州 3/4 的人发生红眼病。日本东京 1970 年发生光化学烟雾时期，有 2 万人患红眼病。

研究表明，光化学烟雾中的过氧乙酰硝酸酯是一种极强的催泪剂，其催泪作用相当于甲醛的 200 倍。另一种眼睛强刺激剂是过氧苯酰硝酸酯，它对眼的刺激作用比过氧乙酰硝酸酯大约强 100

倍。空气中的颗粒物在眼刺激剂作用方面起到把浓缩眼刺激剂送入眼中的作用。此外据报道，过氧乙酰硝酸酯和过氧苯酰硝酸酯还有致癌作用。

光化学烟雾对鼻、咽喉、气管和肺等呼吸器官也有明显的刺激作用，并能引起头痛，使呼吸道疾病恶化。对老人、儿童及病弱者的作用尤为严重。

140. 吸烟会加剧室内 PM$_{2.5}$ 污染

2011 年 5—9 月，环保组织达尔文自然求知社组织志愿者对北京市 51 家采用不同禁烟措施的餐厅进行了调查。

调查显示：在监测的全面禁烟的餐厅中，细颗粒物（PM$_{2.5}$）平均值为 61 微克/米^3；部分禁烟的餐厅中，细颗粒物（PM$_{2.5}$）平均值为 103 微克/米^3；没有禁烟规定的餐厅中，细颗粒物（PM$_{2.5}$）平均值为 114 微克/米^3。

国内外大量研究数据也表明，吸烟导致室内细颗粒物（PM$_{2.5}$）、TVOC（总挥发性有机物）和苯污染明显加剧。

141. 大气污染时应重点关注的人群

老年人、孕妇、儿童、患有呼吸系统疾病和心血管疾病的人群是空气污染的易感人群。

第一类：呼吸道疾病患者 污染物进入呼吸道后会刺激黏膜，甚至损伤肺部。在污染的空气中长期生活，会引起呼吸功能下降、呼吸道症状加重，有的还会导致慢性支气管炎、支气管哮喘、肺气肿等疾病，肺癌、鼻咽癌患病率也会有所增加。

第二类：心血管疾病患者 医学上讲"心肺不分家"，吸入大量含有污染物的空气，会诱发高血压、心血管、脑溢血等疾病。

第三类：孕妇 妊娠期的孕妇，身体高负荷运行，易患高血压、心脏病、肺部疾病等。空气中的污染物会诱发这些疾病，而患病后孕妇许多药物都不能使用。另外，胎儿的生长发育也更需要洁净的空气。

第四类：老年人、儿童及体弱多病者 这些人身体免疫力低，比较容易受到环境因素的影响而诱发各种疾病。特别是儿童正在发育中，免疫系统比较脆弱，另外儿童呼吸量按体重比比成年人高50%，这就使得他们更容易受到空气污染的危害。

142. 空气质量指数与健康的相关性

空气质量指数是定量描述空气质量状况的无量纲指数。针对单项污染物还规定了空气质量分指数。参与空气质量评价的主要污染物为细颗粒物、可吸入颗粒物、二氧化硫、二氧化氮、臭氧、一氧化碳六项。

空气质量按照空气质量指数大小分为六级，对应空气质量的六个类别，指数越大、级别越高，说明污染的情况越严重，对人体的健康危害也就越大。

空气质量指数为 0～50，空气质量级别为一级，空气质量状况属于优。此时，空气质量令人满意，基本无空气污染，各类人群可正常活动。

空气质量指数为 51～100，空气质量级别为二级，空气质量状况属于良。此时，空气质量可接受，但某些污染物可能对极少数异常敏感人群健康有较弱影响，建议极少数异常敏感人群减少户外活动。

空气质量指数为 101～150，空气质量级别为三级，空气质量状况属于轻度污染。此时，易感人群症状有轻度加剧，健康人群出现刺激症状。建议儿童、老年人及心脏病、呼吸系统疾病患者减少长时间、高强度的户外锻炼。

空气质量指数为 151～200，空气质量级别为四级，空气质量状况属于中度污染。此时，进一步加剧易感人群症状，可能对健康人群心脏、呼吸系统有影响，建议疾病患者避免长时间、高强度的户外锻炼，一般人群适量减少户外运动。

空气质量指数为 201～300，空气质量级别为五级，空气质量状况属于重度污染。此时，心脏病和肺病患者症状显著加剧，运动耐受力降低，健康人群普遍出现症状，建议儿童、老年人和心脏病、肺病患者留在室内，停止户外运动，一般人群减少户外运动。

空气质量指数大于 300，空气质量级别为六级，空气质量状况属于严重污染。此时，健康人群运动耐受力降低，有强烈症状，提前出现某些疾病，建议儿童、老年人和病人留在室内，避免体力消耗，一般人群应避免户外活动。

143. 哪些疾病患者在雾霾天需要加强自我防护？

雾霾被称为健康的"隐形杀手"，它对易感人群例如老人、孩子、孕妇以及患有呼吸道疾病的患者影响尤为严重。

有慢性呼吸道疾病，如哮喘、慢性咽喉炎、过敏性鼻炎的患者、心血管疾病患者或者体弱多病者、老人、小孩、孕妇等，应减少外出，多喝水，多吃新鲜、富含维生素的水果，生活作息规律。慢性呼吸道疾病和心血管疾病患者若有外出需要，尤其是哮喘、冠心病患者，应随身携带药物，以免受到污染物刺激病情突然加重。

另外，持续的雾霾天也会使心脏病和肺病患者症状加重，甚至陷入危重状态，家中如有心脏病、高血压、肺病患者，应仔细观察其病情变化，一旦恶化应立即送医。

144. 雾霾天气时预防室内空气污染

在室外恶劣天气的影响下，微小颗粒会通过密封性差的窗户进入室内，这是室内细颗粒物（$PM_{2.5}$）污染的一个很重要的途径，使用密闭性更高的门窗有利于室内污染值的降低。因此，更换门窗时一定要选密闭性好的，隔音、隔尘一举多得。

自然通风是指通过门窗或外墙缝隙实现的室内外空气交换。开启的门窗或外墙缝隙会成为室外微粒进入室内的通道。因此，在雾霾天气条件下，关闭门窗是防止室外污染影响室内空气品质的有效途径之一，同时还应尽量减少室外活动。

通风是防止室内污染源产生的污染物积聚最经济、便捷的方法。在雾霾天气条件下，可通过定制带有微粒过滤功能的通风器、通风窗或进风系统进行通风换气，使经过净化的室外空气进入室内，实现改善室内空气品质的目的。需要提醒的是，为防止过滤网成为污染源，需要经常对新风系统或新风器的滤网和机芯进行更换。一般来说过滤网越细，更换频率就越高、成本越大，常规2～3个月更换一次即可。不具备安装通风器条件的家庭只能在室外空气品质条件稍好的时段进行短时间的通风换气。

在雾霾天气下，不少人会想到使用空气净化器产品。一般来说，利用过滤材料去除微粒，利用活性炭吸附净化挥发性有机化合物，以及利用合适的催化剂净化甲醛是有科学根据的。雾霾天长时间关闭门窗会导致室内空气质量下降，室内空气净化器可起到一定的净化作用。但也提醒消费者，任何净化材料都有一定的寿命，超出使用寿命而不及时更换或再生处理，不但起不到净化作用，而且甚至可能成为污染源。因此，应该谨慎选择室内空气净化器产品。

可以在自家阳台、露台、室内多种植绿萝、万年青等绿色冠叶类植物，因其叶片较大，吸附能力相对较强。虎皮兰、虎尾兰、龙舌兰以及褐毛掌、伽蓝菜、景天、落地生根、栽培凤梨等植物对太阳光的依赖也很小，能在夜间净化空气的同时实现杀菌的目的。

145. 戴口罩对阻挡 PM$_{2.5}$ 的作用

细颗粒物（PM$_{2.5}$）的大小相当于针尖的 1/20，普通无纺布口罩纤维根本无法阻隔。普通的纱布口罩就是纤维口罩，它的阻流原理就是一个机械阻挡作用，通过这一层一层的机械阻挡，可以把大的颗粒物阻挡住，但是直径小于 5 微米的颗粒物阻挡不住，更不用说 PM$_{2.5}$ 了。

医用外科口罩和医用一次性口罩可以阻挡直径大于 4 微米的颗粒。按照一般的医学标准，对于 0.3 微米的颗粒物，医用外科口罩透过率为 18.3%，普通一次性医用口罩为 85.6%，这表明这两种医用口罩对细小的颗粒物阻挡效果有限。

选取医用 N95 口罩对 0.3 微米的粒子阻隔效果进行检测，其结果为大的粒子都能被阻流住，而在口罩密闭性实验室中检测时，医用 N95 口罩的透过率只有 0.425%，可以说 99% 多的颗粒物都被阻挡住。N95 口罩虽然可以阻挡 PM$_{2.5}$，但口罩滤除悬浮颗粒效率越高，造成的呼吸阻力就越大，呼吸越费劲，长时间佩戴容易出现缺氧、胸闷等情况，老年人和有心血管疾病的人不宜长时间佩戴，以免呼吸困难导致头晕。

146. 空气净化器对过滤 $PM_{2.5}$ 的作用

目前市面上的空气净化产品基本可分为两大类，一类利用各种各样的吸附材料，比如活性炭、光触媒吸收有害物质；另一类利用等离子放电技术，产生臭氧，分解空气中的污染物。臭氧本身就是一种污染物，而吸附材料的原理和饮用水的净化器一样，必须经常换吸附材料，否则它会作为一种污染源把有害物再次释放出来。

疾病控制与病毒防治专家认为，单纯为了雾霾天气而购买净化器的消费者，与其说是在买健康还不如说买的是放心。如果要预防呼吸道感染，室内每天在上午 10 时和下午 3 时这两个时间段，开窗通风 20 分钟左右，比单纯地依赖空气净化器效果更好。因此，避免被夸大的商业广告所误导，应该多听听专家的意见，用科学的方法来减少雾霾的影响。

当然，单纯从空气净化的角度来看，质量合格的空气净化器在设限的条件下，能短时间内改善相对封闭环境空间的空气质量。比如，在相对封闭的空间里，空气净化器工作后，封闭空间里的空气质量能得到相对改善（相对封闭环境以外的空间），当相对封闭环境空间达到一定阈值，净化效果就会迅速降低，此时的空气净化器不仅达不到净化空气的效果，相反它会变成新的室内污染源。

那么该如何选择空气净化器呢？

近年来，具有清洁空气功能的空气净化器市场逐渐升温。消费者应避免商业广告误导，根据自己的实际情况选择合适的产品类型，同时还要把握好六大选购要点：①滤材。好的过滤材料（如HEPA 高密度滤材）吸附 0.3 微米以上污染物的能力高达 99.9%以上。②净化效率。房间较大，应选择单位净化风量大的空气净化器，例如 15 米^2 的房间应选择单位净化风量为每小时 120 米^3 的空气净化器。③使用寿命。随着净化过滤胆趋于饱和，净化器的吸附能力将下降，所以消费者应选择具有再生功能的净化过滤胆，以延长其寿命。④房间格局。空气净化器的进出风口有 360 度环形设计的，也有单向进出风的，若要产品在摆放上不受房间格局限制，则可选择环形进出风设计的产品。⑤需求。根据需要净化的污染物种类选择空气净化器，HEPA 对烟尘、悬浮颗粒、细菌、病毒有很强的净化功能，催化活性炭对异味、有害气体净化效果较佳。⑥售后服务。净化过滤胆失效后需到厂家更换，所以应选择售后服务完善的企业的产品。

147.　雾霾天应减少晨练

许多人有晨练的习惯，并且常年坚持、风雨无阻。但是，雾霾天气无论如何也是要停止晨练的。乳白色的雾会给人一种洁净的感觉，但是细颗粒物（PM$_{2.5}$）的频频爆表说明雾中聚积着大量污染物。它可引发气道高反应，而雾中的可吸入颗粒、二氧化硫等污染物正是哮喘、慢性支气管炎的主要诱发因素。在晨练时，人体吸入的空气增加数倍，相应地吸入的有害物质也会成倍增加，这会刺激呼吸道，引起咳嗽、咽喉肿痛等反应，严重时可能会出现呼吸困难、胸闷、心悸等不良症状。所以，建议在雾霾天气不要进行晨练。

雾霾天气要尽量避免户外较为激烈的运动方式。如跑步、骑车、登山、跳舞等，在室内进行较为轻柔的锻炼项目更为合适。比如可以选择一些像普拉提、瑜伽一样较为舒缓、可以牵拉放松身体的健身项目。而免疫力差的易感人群、有心脑血管系统疾病或者有呼吸系统疾病的人群不宜进行体育运动，且应尽量减少外出，如果外出最好选择上午 10 点到下午 3 点这个时间段，应避免早晨和傍晚外出。

针对霾，气象部门会专门发布霾预警，预警分为黄色、橙色、红色三级，分别对应中度霾、重度霾和极重霾，反映了空气污染的不同状况。在预警级别的划分中，将反映空气质量的细颗粒物（PM$_{2.5}$）浓度与大气能见度、相对湿度等气象要素并列为预警分级的重要指标，使霾预警不仅仅反映空气能见度变化，更体现了空气污染或大气成分的状态。当气象部门发布霾预警的时候，气象条件就不适合晨练了。

除此之外，气象部门还会发布专门的晨练指数，晨练指数将风况、降水、温度、湿度、空气的清洁度以及影响晨练的许多天气现象（如雾、浮尘、沙尘暴等）作为晨练气象指数中的综合气象条件来考虑。当然，由于地域和季节的不同，晨练气象指数的"适宜条件"是不一样的。晨练指数能清楚地告诉人们，当天的天气是否适宜晨练。

一般来说，晨练几乎都在室外自然条件下进行，晨练的时间、地点及气象条件势必会影响晨练的效果和晨练者的心情。只有因地制宜、科学合理地进行晨练，才能真正达到身心健康的目的。

148. 雾霾天的饮食保健

雾霾天最容易受到伤害的就是与肺同系统的器官，如大肠、皮肤、喉咙、支气管等，辛辣食物会破坏我们的呼吸道黏膜，造成身体的免疫力降低，从而诱发身体的病变，所以，雾霾天不宜食用过多辛辣食物，饮食应该以清淡为主。

雾霾天可多进食白色食物，以白萝卜、银耳、山药、百合、大白菜为代表的白色食物，可以润燥清肺，对肺有保养功效，不妨多吃。银耳的最佳吃法首推银耳羹，加些梨、百合、大枣、枸杞，滋阴润肺效果更佳。

维生素 A 不仅可以起到抗氧化的作用，更重要的是可以有效维护上皮组织细胞，在呼吸道形成一层有效防止外界污染物入侵的保护膜，从而减少雾霾颗粒对呼吸道的伤害。β-胡萝卜素可以在体内转换为维生素 A，从而起到类似的效果。富含β-胡萝卜素和维生素 A 的食物有南瓜、木耳、山芋、胡萝卜、哈密瓜、橘子、橙子等。

此外，雾霾天由于紫外线照射不足，人体内维生素 D 生成不足，有些人还会精神懒散、情绪低落，必要时可补充一些维生素 D。

同时，饮食要多饮水，多吃新鲜蔬菜和水果，这样不仅可补充各种维生素和无机盐，还能起到润肺除燥、祛痰止咳、健脾补肾的作用。

参考文献

[1] 蒋维楣. 空气污染气象学教程[M]. 北京：气象出版社，1993.

[2] 吴兑. 环境气象学与特种气象预报[M]. 北京：气象出版社，2001.

[3] 刘景良. 大气污染控制工程[M]. 北京：中国轻工业出版社，2002.

[4] 唐孝炎，张远航，邵敏. 大气环境化学[M]. 北京：高等教育出版社，2006.

[5] 吴兑，吴晓京，朱小祥. 雾和霾[M]. 北京：气象出版社，2009.

[6] 李广超，傅梅绮. 大气污染控制技术[M]. 北京：化学工业出版社，2010.

[7] 白志鹏，王宝庆，王秀艳，等. 空气颗粒物污染与防治[M]. 北京：化学工业出版社，2011.

[8] 吴兑. 探秘 $PM_{2.5}$[M]. 北京：气象出版社，2013.

[9] 张峻，陈蓉. 饮食业油烟的危害及其处理方法[J]. 职业卫生与应急救援，2001（4）.

[10] 郝瑞彬，刘飞. 我国城市扬尘污染现状及控制对策[J]. 环境保护科学，2003（6）.

[11] 张明明，张艳艳. 区县环保局对城市餐饮油烟的监测与管理[J]. 污染

防治技术，2008（1）.

[12] 彭文斌，吴伟平，邝嫦娥. 中国工业污染空间分布格局研究[J]. 统计与决策，2013（20）.

[13] 佟川. 选择绿色出行方式节能环保告别雾霾[N]. 中国日报，2013-11-01.

[14] 姜一晨，邵敏. 加强重点行业挥发性有机物防控[N]. 中国环境报，2013-12-24（2）.

[15] 林伯强. 从调整能源结构入手治理雾霾[N]. 中国电力报，2014-04-04（1）.

[16] 梁雪刚. 空气环境质量检测方法研究与监控软件设计[D]. 浙江大学，2006.

[17] 肖湘杰. 醴陵市春节期间烟花爆竹燃放对环境的影响研究[D]. 湖南农业大学，2010.

[18] 贺丹. 基于生态经济的产业结构优化研究[D]. 武汉理工大学，2012.

[19] 武雪芳. 我国颗粒物环境空气质量标准修订研究[C]//环境安全与生态学基准/标准国际研讨会、中国环境科学学会环境标准与基准专业委员会 2013 年学术研讨会、中国毒理学会环境与生态毒理学专业委员会第三届学术研讨会会议论文集，2013.

[20] 国研网. 我国新能源汽车发展现状及趋势[EB/OL]. （2011-07-20）[2014-04-23]http://www.drcnet.com.cn/DRCNET.Channel.Web/gylt/20110720/index.html.

后 记

2014 年年初，为宣传普及大气污染防治科学知识，安徽省环境保护厅决定编印出版一本"大气污染防治科普读本"，提高社会各界对大气污染防治的认识，呼吁社会公众参与大气污染防治工作。为此，由安徽省环境科学研究院牵头，组织安徽省环境监测中心站、安徽省气象科学研究所、安徽省环境宣传教育中心和安徽省环境保护厅污染防治处、政策法规处精干力量，请教环保、气象等方面专家，查阅国内外大量文献资料，历时 4 个月完成了本书的编写工作。

在本书出版之际，衷心感谢中国环境出版社、北京生态文明研究院的领导和专家的精心策划和指点，感谢安徽医科大学操基玉教授对本书相关章节的审核，感谢对本书出版过程中给予大力支持的领导和同仁。

本书编写过程中参阅了大量的文献资料，由于篇幅所限，未能一一尽列，我们谨向这些作者和资料的提供者表示衷心的感谢！鉴于编者水平有限，本书难免有不尽如人意之处，敬请读者批评指正。

编　者

2014 年 5 月